微信短视频一本通

刘兴亮　秋叶 著

电子工业出版社
Publishing House of Electronics Industry
北京·BEIJING

内 容 简 介

2020年1月，视频号横空出世，微信官方给视频号打开了高级别入口，那么视频号有没有红利？怎样抓住视频号的红利？本书两位作者结合各自在视频号平台上的运营实战经验，为广大读者全面介绍了视频号的诞生背景、基础操作、平台功能和规则、内容策划和运营策略等，也为读者全面解读了视频号的商业红利、商业模式和成功案例。本书是一本极具前瞻性且能让读者及时、全面了解视频号的实操宝典。

本书适用于新媒体运营者、短视频创作者，以及希望获得视频号流量的个人、商家和品牌商等。

未经许可，不得以任何方式复制或抄袭本书之部分或全部内容。
版权所有，侵权必究。

图书在版编目（CIP）数据

点亮视频号：微信短视频一本通 / 刘兴亮，秋叶著. —北京：电子工业出版社，2020.8
ISBN 978-7-121-39253-5

Ⅰ. ①点… Ⅱ. ①刘… ②秋… Ⅲ. ①视频制作②网络营销 Ⅳ. ①TN948.4 ②F713.365.2

中国版本图书馆 CIP 数据核字（2020）第 121996 号

责任编辑：张春雨　滕亚帆
印　　刷：三河市双峰印刷装订有限公司
装　　订：三河市双峰印刷装订有限公司
出版发行：电子工业出版社
　　　　　北京市海淀区万寿路 173 信箱　　邮编：100036
开　　本：880×1230　1/32　印张：7.5　字数：188 千字
版　　次：2020 年 8 月第 1 版
印　　次：2020 年 8 月第 1 次印刷
定　　价：69.00 元

凡所购买电子工业出版社图书有缺损问题，请向购买书店调换。若书店售缺，请与本社发行部联系，联系及邮购电话：(010) 88254888，88258888。

质量投诉请发邮件至 zlts@phei.com.cn，盗版侵权举报请发邮件至 dbqq@phei.com.cn。

本书咨询联系方式：(010) 51260888-819，faq@phei.com.cn。

推荐语

刘兴亮一出手,互联网界"抖三抖";看老司机"亮三点",短视频红利抓在手里边!

——得到 App、罗辑思维创始人　罗振宇

试水几个月后,我发现和其他短视频平台相比,视频号的特点大不一样。视频号有什么特点?能带来何种机会?怎么抓住这些机会?推荐刘兴亮和秋叶的新书《点亮视频号》,很实用。

——财经作家　吴晓波

随着科技的发展,短视频正成为 5G 时代的"现象级"风口。能否在短视频这一波浪潮中获得自己的红利,就要看大家自己的选择和执行力度了。

——著名音乐人、投资人　胡海泉

我认为，视频号可能是腾讯进击短视频领域的最后一次机会，也可能是普通人在短视频领域"逆袭"的最后一次机会。机会已经在那里，等着你；怎么把握机会，这本书教你！

——分众传媒董事长　江南春

物质积累、移动互联网渗透、人口红利为草根经济和短视频经济提供了舞台。在未来5到10年，我们将迎来中国个体的黄金时代。本书基于视频号，从实战角度剖析新平台、新算法红利，系统讲解了如何传播个人视频号和实现变现，以及如何打通线上、线下新商业闭环。对于每一位读者，无论是想在互联网社交中占据一席之地，还是想成为专业的视频号内容创作者，这本书都能给你最好的指导。

——洪泰基金创始人、洪泰集团董事长　盛希泰

短视频是跨越语言和国界限制的最好传播形态。《点亮视频号》这一利器将帮你纯熟运用短视频，打赢眼球争夺战。

——知名主持人　郎永淳

兴亮很灵动，常常走在最前列，见别人所未见。这一次，《点亮视频号》又是如此。

——央视体育主持人　张　斌

兴亮兄是一个超级行动派。在视频号刚开始内测之时，他自己就一猛子扎了进去。不但自己扎进去，还拉着闺女一起往里扎。难得的是，他不但扎出了一个"大号"，还扎出了乐趣，扎出了幸福感。

推荐语

在视频号日活用户刚超 2 亿时,他就给我发了一条微信信息,说他关于视频号的新书要出版了,问我能否写个推荐语。我的脑袋一下子就炸了。这家伙是什么时候开始立项、研究和创作的?

厉害厉害,佩服佩服!快买快买,要读要读!

——凯叔讲故事 App 创始人　凯　叔

在触觉、嗅觉和味觉暂时还无法实现数字化的时代,视频,可能是信息进化的终极形态。文字、图片,本质上,都只是视频的"压缩算法"。所有研究传播的人,都应该及早研究和布局视频号。希望刘兴亮和秋叶老师的这本书,能帮你打开视频号这扇大门。

——润米咨询创始人　刘　润

宋朝比唐朝牛,《清明上河图》中的住宅与商铺混合,打酱油不用像在唐朝那样跑远路。短视频比图文牛,君子动口就行,不用动手。历史的车轮驶到了短视频这一站,你还不赶快上车?

——《百家讲坛》名嘴　纪连海

只有绞尽"脑汁"的严密推演,才能让读者直拍"脑门"并大呼过瘾。两位拥有视频号丰富实战经验的"最强大脑",奉献出《点亮视频号》一书,引爆你的创意,点燃你的生意。

——众行传媒首席策略官、前湖南卫视天娱传媒首席营销官
赵　晖

关于品牌打造，一旦找到了引爆点，势必事半功倍。继微博、微信公众号之后，视频号迅速成为品牌打造的"引爆点"。如何快速引爆品牌，如何迅速抓住视频号的红利，《点亮视频号》即刻给你答案。

——集和品牌创始人、董事长　龚　凯

视频号是腾讯公司和微信平台必须要做成的产品，我非常看好视频号，或许未来视频号会与抖音、快手呈三足鼎立之势。

——"十点读书"创始人兼CEO　十点林少
（视频号"十点林少"）

视频号是腾讯"突围"短视频阵地的最有力一击，视频号可能会牵引用户从"人人看短视频"走向"人人拍短视频"。这本书可以带你搞清楚"别人怎么看""你该怎么拍"，并点燃你拍摄短视频的激情，引爆你的视频号。

——知识星球创始人　吴鲁加
（视频号"知识星球吴鲁加"）

作为一名本地互联网长期创业者，视频号的出现让我难得兴奋起来，它给全国数万个本地互联网平台提供了一次"重新创业的机会"。视频号更"私有化"的内容传播模式，给创作者带来了更多的归属感和安全感。在推荐机制上，视频号也天然对"本地"更友好。我们在"本地"公众号上曾经做过的有价值的内容，都可以在视频号上再做一次。

推荐语

在早期阶段,写一本关于视频号的指南性工具书是非常需要勇气的。好在这两位互联网"宝藏"大叔,已经把视频号研究得透透的了。不管后面功能如何变化,对视频号底层逻辑的学习都是我们从事短视频创作的必经之路。

——化龙网络CEO 钱 钰

(视频号"化龙巷")

我坚定地看好视频号,也是最早入局视频号的用户,这个平台的崛起,又将成就一批普通人。刘兴亮和秋叶老师的这套视频号方法论,可以让你看到短视频平台的未来。

——知名新媒体讲师 粥左罗

(视频号"粥左罗")

短视频只是一种内容形态,放在不同平台和生态中,其玩法是完全不一样的。我们肯定不能简单地拿着其他短视频平台的经验,去分析和运营视频号,而是应该以一种归零的心态去看待这个新鲜事物。

期待《点亮视频号》这本书,给我们提供系统的、可实操的方法论。

——《超级运营术》作者、快手运营总监 韩 叙

视频号并不是简单的"又一个"短视频渠道。借助微信生态和巨大的流量基础,视频号正逐渐展现出自身旺盛的生命力,为我们带来跟所有人一起重新站到新起点的机会,这样的机会不应该被错过。

感谢两位敢于在镜头面前挑战自我的大叔,用自己的尝试为我们总结了参与视频号的路径和方法,这或许会成为我们走进视频号世界的第一块指路牌。

——无码科技合伙人、公众号"二爷鉴书"作者　邱　岳

(视频号"邱二")

秋叶老师是教育领域的引领者,也是我学习的榜样。视频号是一个新的短视频传播平台,也可能是普通人入局微信生态的最后一张门票。如果你错过了公众号,一定不要错过视频号。

《点亮视频号》这本书是由两位互联网重量级老师经过亲身实践总结出来的一套方法论,也是今年最值得期待的一本书。

——原支付宝设计专家、公众号"我们的设计日记"作者　Sky

(视频号"我们的设计日记")

视频是突破国界的语言,视频号的到来,使微信互联网形态初现。那些为了"做"流量,强迫自己去其他视频平台"做"内容的朋友,终于不用纠结了。

微信外面的世界,偶尔瞅瞅就好,欢迎在"视频号"真实的世界里,找到连接世界的入口。推荐刘兴亮和秋叶老师的这本新书,他们作为先行者,已为你探好路。

——知识星球运营官　刘　容

(视频号"知识星球刘容")

序

1

2020年上半年,新冠肺炎疫情席卷世界,我整日居家,原本安排的出差计划因此搁置,但也由此创造了一项自定居北京以来的新纪录——半年没有离开过北京。在过去,这是一件不可想象的事情。在我的印象中,生活一直都是忙碌的、繁复的、不能停顿的。

突然"刹车"后,尽管天天憋在家里,但是生活却并不单调乏味,反而有些出乎意料地丰富多彩,原因就在于"视频号"的出现。

2020年春节假期的某天下午,张小龙先生在微信上问我:"兴亮好,我让同事邀请你来开一个视频号内测账号吧?"我的视频节目《亮三点》已经制作、播出3年了,不敢说我自己多么专业,但多少已轻车熟路,于是欣然答应邀请。

当天晚上，我开通了视频号，并发布了我在视频号上的处女作《小企业最难熬的春季》。马化腾先生在这条视频下面留言："欢迎测试"。

有两位"大佬"的前后加持，我的视频号生涯由此开启。

2

之前的《亮三点》是长视频节目，有的视频时长达 30 分钟以上，短的也有 10 多分钟。而在视频号上发布 1 分钟时长的短视频，对我来说是一次全新的尝试，为保证最佳呈现效果，我提前组建了专业的视频拍摄和制作团队，甚至还邀请了化妆师。

但视频号开通不久，由于疫情袭来，人们无法见面，拍摄、制作和发布全套工作只好由我独自完成。人就是这样，若是身处一个无法选择的环境中，总能想到办法快速适应，并且常常超水平发挥。

在过去，我的长视频节目是周播节目，而视频号上线后，我给自己"立下 Flag"：2020 年实现全年日更！到目前为止，我坚持了下来，后续还请大家多多监督和督促。

之所以日更，我认为，事物的发展变化是从量变到质变的，没有积累就没有飞跃，世界上更没有一蹴而就的事情。人不对自己狠一点，很多事情就无法坚持下去。在博客盛行的年代，我坚持日更 3 年多，在"微博"时代，我坚持日更 5 年，微信公众号上线后，我至今已坚持日更 2 年……

3

过去我更习惯用文字的形式来表达和输出内容。我在纸媒上发表第一篇文章是在 1993 年,在网络上发布第一篇文章是在 1997 年,这 20 多年来,我在网络上发布过的文章大约有 2000～3000 篇。未曾想,我这样的一个文字"老炮",今年却在向所有人"安利"短视频。当然,我并没有放弃写文章,我对自己的要求是,每周输出 3 篇原创文章。所以,目前我的状态是:左手文字,右手视频,两手都要抓,两手都要硬。

为什么要向所有人"安利"短视频呢?下面我来"亮三点"。

左一点:未来是属于年轻人的,年轻人比我们这代人更喜欢视频这种表达方式。我们获取信息的方式主要是通过文字,年轻人则追求全方位的视频体验。短视频,是未来,是趋势,谁也挡不住,唯有顺应。

右一点:相较于文字,视频的表达方式更性感、更立体、更丰富。我认识一些水平不低的作家,毕其一生在纸上耕耘,但作品的影响力往往不敌一些半路出家、非专业导演拍摄的作品。何也?视听的媒介更具有身临其境、易于入戏、便于移情的属性,更吸引人。

下一点:在 5G 飞入寻常百姓家后,看视频、发视频将变得如同我们现在说话,更自然、更生活化。那时候,仅仅靠文字表达,不足以适应广阔而丰腴的未来。

4

视频号并不是第一个短视频产品,为什么以前我没有"安利"短视频呢?

这是因为,与其他短视频平台相比,视频号最显著的特质是,它自带微信生态系统"光环",微信生态系统如同大自然生态系统,宽广而丰厚,富含各种生态链所需的"营养物质",可以为视频号提供完全不同于其他平台的生存环境。

从一开始,微信生态系统就为视频号提供了足够成熟的世界观、人生观和价值观,因此,视频号几乎不需要再去探寻这些跟"三观"相关联的意义。我认为,视频号的目标就是以自身的存在让那些身处其中的人挖掘更多的价值,而这个价值是通过展示自身与链接他人来完成的。

视频号,给所有人提供机会。

5

视频号还是极好的亲子教育工具。

我喜欢研究孩子的心理状态,喜欢和孩子一起投入她的游戏情境中。疫情期间,我偶然发布了几个与孩子玩耍的短视频,没想到获得了很多人的关注和点赞。

第一个是关于"没事千万别出去"的视频。视频中,我跟女儿说,刚听到广播里说"没 4000 万(元)别出去",感慨现在出门门槛真高,孩子马上听出了其中的"梗",并纠正我的错误解读。大家看到这个视频后,哈哈一乐!

第二个视频是和孩子做一个双簧表演,让一个接一个"喷嚏"打断我们的表演。这个游戏充满童趣,能激发孩子的表演欲,内容和形式都很容易复制。

第三个视频是和孩子以表演的方式探讨汉字象形问题,涉及吵架用嘴的"口"字旁,炒菜用火的"火"字旁。当然,这个问题引申出来的问题,已经从文字训诂学上升到了社会学的层面。女儿说:"吵架也有火啊,不然为何会火冒三丈呢?"我顿时哑口无言。

随着这三个视频的播放量从数千一跃至数万——彼时的视频号用户人数并不多,孩子的表演欲和机智的表现欲瞬间"爆棚"。在那段时间孩子总是会随时捕捉生活中的点滴瞬间,把我们之间有趣的亲子互动记录下来。作为一位有志于用文字"说话"的人,我不得不暂时扮演起女儿的"陪读生"。

那段时间,除偶尔出门遛弯,我们大部分时间都窝在家里,父女之间的亲子关系因录制短视频而更加亲密。这既在意料之外,也在情理之中。毕竟孩子的表现欲被激发之后,他们的想象力是漫无边际且浪漫恢宏的,常常让成人感到惊异。

这就是我视频号里的《亮父亮女》系列。短视频可谓是一款极好的亲子教育工具,让我们单调的居家生活有了生机勃勃的气象。

6

从开通视频号的那一刻起,我就在思考关于变现的问题。这是一个所有人都关心的问题,我愿为大家探路。

在我发布的两个播放量超 10 万次的视频号节目里,《给视频号亮三点》中的"右一点",以及《视频号和抖音的三点不同》中的"下一点",均提到视频号背后的生态、视频号的想象空间与发展路径、视频号的商业化问题,等等。但是,千言万语,能否变现仍是大家最关注的。

当然,并非是说微信生态里的用户都是奔着变现去的,但是在这个生态里,至少得有实现变现的可能性和途径。"有没有"是基础问题,"用不用"是客户问题。

大概是在 2020 年 3 月初,我第一次尝试了视频号的变现通道。

我写了一篇公众号付费文章《如何抓住视频号的机会?我给 9 点建议》,用户须支付 3 元才能阅读。然后,我在视频号平台发布了引流视频,这个引流视频就类似于电影的预告片,结果为这篇付费文章带来了 5000 多次的阅读量。最后,这篇文章带来的直接收入超过 15000 元,这还不包括间接收入。

一次小尝试,证实了变现渠道是畅通的。这未尝不是所有人的通道!

目前,视频号仅仅开放了公众号这一个链接出口,所以,现在的商业化变现只能围绕这个出口来做文章。未来,我猜测视频号很可能会开放其他链接出口,比如小程序、直播,等等。

这些出口一旦打开，那么我们的想象空间，以及视频号未来的发展空间将被无限放大。

7

目前，视频号还在内测期，然而身边的很多朋友爆发了极大的热情，我已经帮几十位朋友开通了视频号。

除此之外，视频号还帮助我认识了很多新朋友，比如，本书的另一位作者——秋叶。

我和秋叶都是最早一批开通视频号的用户，我们俩通过视频号相识。由于视频号刚刚上线，一切都是未知数，于是我们俩就经常在微信上交流关于视频号的一些运营经验和技巧。虽然工作性质、研究方向和生活方式都截然不同，但我们俩对于视频号的看法却出奇地一致。

我们都认为，视频号是一盘很大的棋。那么，我们为什么不把自己的经验做成一本棋谱呢？是啊，为什么不呢？这是一件多么有意思的事啊，说干就干。于是，从2020年3月初到现在，我们都是"捋袖子写稿子"的状态。

尤其是在最初写作的时候，武汉还处于封城状态，我自始至终看到的都是身处武汉的秋叶对于运营视频号的积极投入。在此，我向秋叶表示极大的敬意。

到目前为止，我们俩还没有见过面，但是却已经合作写完了一本书。

缘，妙不可言。

8

视频号毕竟才上线短短几个月,更多的精彩还需要你我一起去发掘。那么你还犹豫什么呢?

扫描下面二维码,可以添加我的个人微信号,我将带你进入本书读者群,一起发掘视频号的更多精彩!

刘兴亮

2020 年 7 月 18 日于北京家中

前言

2020年1月18日,微信开启视频号内测。作为一个拥有10亿级用户的超大型流量池,对于视频号的推广,微信并没有选择"高举高打"的推广策略,而是选择了逐步渗透的推广模式。

如何把握视频号带来的机遇?随着越来越多的朋友开通了视频号,解答这个问题已迫在眉睫。

刘兴亮老师和我都是受邀第一批开通视频号,并坚持在视频号上更新内容的用户。我们在运营视频号的过程中逐渐意识到,视频号将是微信的一张"大牌",也将是微信打通从"私域社交"到"公域社交"的关键胜负手。

我们认为,一旦视频号形成气候,那么打通"视频号+公众号+微信小程序+腾讯直播+企业微信号"的流量闭环将充满无限的商业化想象空间。

因此,在《点亮视频号》这本书里,我们将自己使用视频号的心得和经验和盘托出,希望帮助广大读者全面了解视频号的诞生背景、基础操作、平台功能和规则、内容策划和运营策略等，同时，就视频号的商业红利、商业模式和成功案例也做了详细解读。可以说，这是一本极具前瞻性且能让读者及时、全面了解视频号的实操宝典。

在此，感谢邀请我开通视频号的"壹心理"阿喵；感谢在撰写本书过程中，帮助我制作视频号教程的三位小伙伴——沈立猛、柳黎和严雪；感谢所有为本书提供案例授权的朋友们；感谢电子工业出版社的编辑团队；感谢在我运营视频号过程中，所有支持我们的订阅用户们。

截至目前，视频号平台的各项功能每天都在快速迭代和完善中，图书永远不能在第一时间同步到位，如果书中存有疏漏之处，欢迎各位读者多多指正。

请各位收下这把"金钥匙"，开启属于你的视频号大门。

秋　叶

2020年7月于武汉

读者服务

微信扫码回复：39253

- 获取博文视点学院 20 元付费内容抵扣券
- 获取免费增值资源
- 加入读者交流群，与更多读者互动
- 获取精选书单推荐

目 录

第1章 视频号，短视频时代的新红利 ······················· 1

1.1 视频号的传播特征 ·································· 3
    1.1.1 低门槛，短内容创作让大众更适应 ············ 5
    1.1.2 信息流，优质内容会得到算法推荐 ············ 7
    1.1.3 社交化，基于微信生态传播更便捷 ··········· 10
1.2 视频号与其他短视频平台的区别 ··················· 13
    1.2.1 视频号更欢迎真实的内容 ····················· 13
    1.2.2 视频号允许更多样化的内容创作 ············· 14
    1.2.3 视频号更具社交生态优势 ····················· 17
1.3 视频号的三大商业价值 ······························ 19
    1.3.1 推广企业品牌和个人品牌的利器 ············· 19
    1.3.2 构建基于社交电商的闭环体系 ················ 20
    1.3.3 挖掘新内容需求的创新工具 ··················· 20

1.4 视频号创富：后来者逆袭的机遇·················· 21
    1.4.1 视频号是腾讯的战略级产品················ 22
    1.4.2 视频号打通流量闭环，拓宽公众号商业
        空间··· 23
    1.4.3 视频号变现模式更多元化····················· 26
    1.4.4 算法推荐机制让后来者不乏机会·········· 28

第2章 视频号基础操作入门·· 31

2.1 视频号的开通·· 33
    2.1.1 视频号内测阶段······································ 33
    2.1.2 视频号入口··· 36
    2.1.3 浏览视频号··· 37
    2.1.4 创建视频号流程······································ 40
    2.1.5 视频号认证类型······································ 42

2.2 如何上传和发布作品··· 46
    2.2.1 上传和发布作品的步骤·························· 46
    2.2.2 对上传视频的要求·································· 52
    2.2.3 对上传图片的要求·································· 56
    2.2.4 视频是选竖屏好还是选横屏好·············· 57
    2.2.5 上传图片时如何提示用户翻页·············· 59
    2.2.6 选择在什么时间段发布作品·················· 63

2.3 视频号装修指南··· 67
    2.3.1 视频号装修入口在哪里·························· 67
    2.3.2 如何设计一个好名字······························ 69
    2.3.3 如何设计辨识度高的头像······················ 72
    2.3.4 如何设计吸引人的个人简介·················· 73

2.3.5　如何设计有冲击力的头图 ····················· 75
2.4　玩转视频号必会的技巧 ······························· 78
　　2.4.1　如何发现更多有趣的视频号 ··················· 78
　　2.4.2　如何转发或收藏你喜欢的作品 ················· 81
　　2.4.3　如何充分利用好评论区功能 ··················· 84
　　2.4.4　视频号的其他后台功能 ······················· 90
2.5　容易被视频号平台认定为违规的行为 ··················· 92

第3章　视频号的内容策划　97

3.1　如何找到"爆款"选题 ································ 99
3.2　如何判断一个视频号是否受欢迎 ······················· 102
3.3　好片头好片尾，抓住用户眼球 ························· 105
　　3.3.1　如何设计吸引人的好片头 ····················· 105
　　3.3.2　如何设计吸引人的好片尾 ····················· 111
3.4　8大模式打造吸睛封面标题 ··························· 112
3.5　4类走心文案提升视频打开率 ························· 115
　　3.5.1　简单叙事型文案 ····························· 116
　　3.5.2　设置悬念型文案 ····························· 117
　　3.5.3　刺激互动型文案 ····························· 118
　　3.5.4　唤醒情绪型文案 ····························· 120
3.6　如何做好评论区互动 ································ 122
　　3.6.1　3种话术引导用户参与评论 ···················· 124
　　3.6.2　如何通过"大V"评论区引流 ··················· 126

第4章　视频号的运营策略　131

4.1　找准定位，吸引精准流量 ···························· 133

4.1.1 明确运营目标：你做视频号到底是为了什么 ·········· 133
4.1.2 明确用户需求：你的视频号想吸引什么样的用户 ·········· 135
4.1.3 明确自身特色：你的视频号为什么能够留住用户 ·········· 139
4.2 竞品分析，抢占优质赛道 ·········· 140
4.2.1 评估赛道风险，选择合适赛道 ·········· 141
4.2.2 做好竞品分析，追求品质为王 ·········· 142
4.2.3 提前储备选题，提升规划能力 ·········· 145
4.3 研究"爆款"，实现灵活借鉴 ·········· 147
4.3.1 借鉴别人的话术 ·········· 147
4.3.2 借鉴别人的剧情 ·········· 149
4.3.3 借鉴别人的人物设定 ·········· 151
4.4 借助算法，分发优质内容 ·········· 153
4.4.1 视频号遵循信息流推送模式 ·········· 154
4.4.2 视频号更看重社交关系数据 ·········· 155
4.4.3 视频号"爆款"内容更依赖算法推荐 ·········· 158
4.4.4 重视核心"铁粉"的社群运营 ·········· 159
4.5 培养团队，稳固运作模式 ·········· 160
4.5.1 打造运营团队，避免单兵作战 ·········· 161
4.5.2 发掘全职编导，具备稳定输出能力 ·········· 162
4.5.3 培养专业的"摄像+后期制作"团队，发挥短视频语言的魅力 ·········· 163
4.5.4 签约优质演员，打造主演IP人设 ·········· 164
4.5.5 启动商业变现，商务团队跟进 ·········· 165

4.6 视频号4种"涨粉"方法·············165
4.6.1 平台内部引导·············166
4.6.2 平台外部导流·············171
4.7 视频号向公众号导流的5种方法·············174
4.7.1 开门见山法·············174
4.7.2 文案提醒法·············175
4.7.3 手势引导法·············176
4.7.4 详细教程导流法·············177
4.7.5 前置伏笔法·············178

第5章 视频号的商业红利·············179
5.1 公众号创作者的挑战与机遇·············181
5.2 视频号对普通人的独特优势·············182
5.3 视频号给行业带来新的商机·············186
5.3.1 借势营销,话题红利·············186
5.3.2 亲民人设,实力"宠粉"·············187
5.3.3 视频带货,马上变现·············188
5.3.4 形象展示,品牌推广·············189
5.4 视频号上的成功案例·············190
5.4.1 用视频号做品牌和活动推广·············190
5.4.2 用视频号打造个人品牌·············199
5.4.3 用视频号打造社交电商·············205

第1章

视频号，短视频时代的新红利

视频号来了。

视频号有没有红利？怎样抓住视频号的红利？如何把握视频号带来的机会？

针对这些问题，本章我们将从4个维度为广大读者进行全方位的分析。

（1）广度——从新媒体传播角度，为大家介绍视频号的传播特征。

（2）温度——从内容创作角度，为大家分析视频号与其他短视频平台的不同。

（3）深度——从视频号商业化角度，带大家发掘其背后隐藏的商业潜力。

（4）力度——讲述视频号将可能带来的红利，这也是大家最为关心的价值变现所在。

可以说，视频号的出现，正当其时。

1.1 视频号的传播特征

在理解视频号的红利价值之前,我们先来看看微信官方对视频号的介绍(图 1.1-1)。

图 1.1-1

从图 1.1-1 中可以看出,视频号是微信官方推出的一个短视频平台,微信官方希望每个微信用户都可以在视频号上随时随地、轻松记录和发布个人真实生活中的点点滴滴,并与更多人分享。

微信官方提到,在视频号上发布作品,可以有两种形式:一种是时长为 1 分钟以内的视频,另一种是 9 张以内的图片。但是,无论是在视觉呈现效果上，还是在实际操作上，视频都占据了绝对主流的位置。所以，我们可以认为，视频号是一个短视频发布平台，同时也兼容并支持发布图片。

对视频号来说，其特点有如下 3 点。

（1）在发布形式方面，视频号不同于抖音，抖音只支持短视频形式，而视频号既支持短视频形式，又支持图片形式，所以从某种程度上说，它更像是微博。另外，抖音不支持长文案，而视频号和微博一样，支持超过 140 个字的长文案。这也说明，微信官方对视频号上的内容定位很明确——除了保证优质的短视频内容，文案也很重要。

（2）在社交属性方面，视频号鼓励大家随时"记录"和"分享"。与我们直接发布在朋友圈里的短视频不一样，视频号能让你所分享的原创视频和图片被更多微信好友之外的人看到。也就是说，视频号鼓励大家通过朋友圈和微信群进行内容分享和传播，并形成和微信公众号一样的分享模式。

（3）在内容创作方面，视频号更强调原创性。它希望"人人可以记录和创作"，而不是"人人转发和搬运"，这也意味着优质的原创内容会得到视频号更好的扶持。

换言之，视频号会慢慢发展成一个依托于微信社交生态的全新短视频平台。

还需要大家关注的一点是，微信官方在推出视频号以后，悄悄地把"微信公众号"更名成"公众号"，说明微信官方希望用户把"公众号"和"视频号"视为两个平级的平台。我们大胆猜测，微信公众号（以下简称公众号）能形成多大的生态圈，未来的视频号就有希望发展成多大的生态圈。

1.1.1 低门槛，短内容创作让大众更适应

微信 App 的总使用量和总下载量在国民应用 App 里常年位居首位，但面对已经到来的短视频时代，腾讯不得不正视公众号以长图文为主要传播形式的短板，毕竟以短视频为主流形式的短内容正是公众号此前一直被忽略的传播形式。正如张小龙在 2020 年的微信公开课上所说：

"相对公众号而言，我们缺少了一个人人可以创作的载体，因为不能要求每个人都能天天写文章。所以，就像之前在公开课上所说的一样，微信的短内容一直是我们要发力的方向。"

众所周知，公众号的 Slogan（口号）是"再小的个体，也有自己的品牌"。用户看似可以随意关注任何一个公众号，但就目前来说，创作优质文章的难度和成本越来越高，用户可选择的优质内容也越来越少。特别是公众号流量慢慢被很多头部"大号"占据，导致更多处于中腰部的"中小号"纷纷"停更"。显而易见的是，微信官方更希望处于中腰部的"中小号"也能有自己的生存空间。

在视频号上发布作品，要比在公众号上容易得多。对于很多人而言，撰写长文章并发布在公众号上是有难度的，但是短内容则不然，它可以说是门槛最低的一种创作形式。比如，快手之所以能在三、四线城市，以及小城镇、农村市场"攻城略地"，就是因为对于大部分用户而言，只要有一部智能手机，就能完成一条短视频的拍摄及发布，这比写文章容易得多。

一个完整的视频号作品包括以下几个要素：

1分钟以内的短视频（或9张以内的图片）+1个不超过1000个字符的文案（可带"#话题#"）+"所在位置"+"扩展链接"（目前仅支持公众号文章链接）。

可以说，你只要会在朋友圈里发布消息，你就能在视频号上发布作品。另外，在一般情况下，在公众号上，创作者每天只能发布一篇文章，但是在视频号上不会受到作品发布次数的限制。我们预测，未来视频号上的活跃用户人数会远远超过公众号的活跃用户人数。

微信官方推出视频号，就是希望以短内容的形式向更多用户提供创作和表达的空间，降低用户的创作门槛。理解这一点，对我们研究视频号的很多运营策略是非常有价值的。

需要我们注意的是，微信官方并没有变现压力，也不急于"打开"一个新的短视频变现入口。它也不希望视频号在一开始就变成"大V""圈粉"的渠道，它更希望的是每一个普通人能用视频号创作生活化的内容，然后通过朋友圈和微信群分享自己拍摄的短视频或图片，这也正是它在视频号的介绍中提到的"人人可以记录和创作"的含义。

举一个例子，视频号"玥野兔好物"开通不过一个月，关注人数就突破了5000人（数据截至2020年4月）。她在视频号上发布的视频也非常生活化，就好像一位邻家姐姐向你分享生活中的点滴经验，但是每一条视频[①]都能吸引很多用户观看，而且点

[①] 如无特别说明，书中提到的"短视频"和"视频"均指"短视频"。

赞数和评论数都很多（图 1.1-2，数据截至 2020 年 4 月）。而号主玥野兔之前并没有开通抖音和快手账号，这样的视频内容可能不会在抖音、快手平台上走红，但是在视频号平台上，她找到了属于自己的春天。

图 1.1-2

1.1.2 信息流，优质内容会得到算法推荐

微信官方除了鼓励普通人在视频号上分享自己的生活点滴，也会通过算法将视频号上的优质内容推荐给有共同兴趣偏好的人

观看。也就是说，如果有人看到了我们发布的视频或图片，认为内容不错并对其点赞，那么这些视频或图片就有可能被算法推荐给他们的微信好友，以便让更多的人关注我们的视频号。这也回答了很多刚刚开通视频号的用户的一个疑惑：为什么自己发布的某一条视频的播放量竟然远超关注自己视频号的人数。

根据微信官方的介绍，视频号目前的算法推荐机制主要有两种方式（图1.1-3）：一种是社交推荐，另一种是个性化推荐。关于社交推荐，我们将在1.1.3节介绍，本节重点介绍个性化推荐。个性化推荐是指，视频号通过分析用户的所属"标签"进行内容匹配及推荐。作为拥有超过12亿个用户的流量池，微信App应该是拥有中国用户"标签"种类最齐全的平台。用户"标签"种类越齐全，平台推荐给用户的内容可能就越精准。

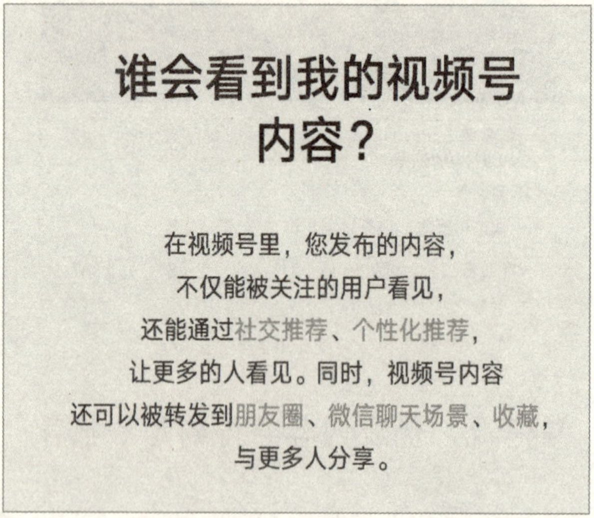

> **谁会看到我的视频号内容？**
>
> 在视频号里，您发布的内容，
> 不仅能被关注的用户看见，
> 还能通过社交推荐、个性化推荐，
> 让更多的人看见。同时，视频号内容
> 还可以被转发到朋友圈、微信聊天场景、收藏，
> 与更多人分享。

图1.1-3

一方面，优质的视频号内容会激发算法持续推荐。如果你发布的视频号内容足够优质，并有足够多的用户点赞和评论，甚至主动转发到他们的朋友圈或微信群，那么你的视频号内容就有更大的概率得到算法的主动推荐，从而获得更大范围的传播。这就让更多还没有关注你的视频号的新用户看到你的视频号内容，如果新用户也都认可你的视频号内容，也愿意点赞或评论，甚至把你的视频号内容转发到朋友圈或微信群，这就会再次引发算法去推荐你的视频号内容给更多新用户观看，从而带来源源不断的新流量。

另一方面，算法推荐机制让优质的视频号内容具有更长的时效性。也就是说，优质的视频号内容在发布后的很长一段时间里，也仍有被新用户看到的可能性。比如，本书作者之一秋叶大叔就曾发现，自己在几个月前发布的视频，依然能得到算法的推荐，给更多新用户群体观看。

所以说，在未来，好的内容在视频号平台上得到几十万次的播放量，将是一件司空见惯的事情，但对于今天的公众号来说，一篇文章的阅读量能破 10 万次，就已经是一件非常困难的事情了。

举一个例子，如图 1.1-4 所示，视频号"守艺小胖"的这条视频就是不断被算法推荐，不断让更多新开通视频号的用户看到，并最终获得了点赞数超 10 万个的好数据（数据截至 2020 年 5 月），他应该是视频号上第一位单条视频点赞数突破 10 万个的号主了。这就意味着，足够优质的视频号内容能够有更多方式突破该视频号已关注人数的限制，被更广泛的用户群体看到。这样一来，因扩散周期短，导致公众号上的优质内容难以形成较大影响力的弊端，将在视频号平台上得到很大程度的解决。

图 1.1-4

1.1.3 社交化,基于微信生态传播更便捷

社交化传播,是目前最便捷的一种内容传播方式之一,在中国所有的社交化传播平台中,微信的影响力是毋庸置疑的。所以,依托微信生态,视频号从诞生的那一天起,就注定是短视频世界里传播最便捷的宠儿。在这个生态圈里,视频号内容创作者可以主动传播自己的内容,除了分享到朋友圈、微信群,也可以分享给众多微信好友。

举一个例子,本书作者之一刘兴亮建立了一个"亮三点视频号"微信群（图 1.1-5），群成员可以在群里分享自己的视频号作品，但必须写出三点分享理由。如果作品内容涉及了时下的热点话题，就会激发群成员之间的热烈交流和讨论，从而被更多成员观看、点赞和转发。这种基于微信生态的传播机制是抖音和快手等平台所不具备的。

图 1.1-5

要特别提醒的是，你需要主动将自己的视频号作品或视频号名片转发给你的微信好友，除非借助算法推荐，否则他们是无法知道你的视频号账号的。

相比其他短视频平台,视频号还有一个独特的优势,那就是具有社交推荐的属性。在微信生态里,社交推荐具有两重含义:第一重含义是,你的视频号作品有可能通过朋友圈和微信群转发和传播,借助社交网络让更多用户看到和关注;第二重含义是,你发布的视频号作品,可能出现在你的微信好友的"个性化推荐"信息流里,即便这位好友并未关注你的视频号。

此外,社交推荐还存在另外一种可能性,就是微信的"看一看"社交推荐机制。如果你的很多微信好友都给一个作品点赞,即使你没有关注该视频号,这个作品也会出现在你的视频号主页"朋友♡"板块的界面上(图1.1-6)。

图1.1-6

1.2 视频号与其他短视频平台的区别

视频号一经推出,就被很多人拿来和其他短视频平台做比较,特别是和抖音做比较。抖音经过几年的高速发展,已经积累了亿级活跃用户,并形成了有自身特色的高质量内容生态体系。而视频号才刚刚起步,在内容生态建设方面,力量还很薄弱,内容特色及定位还在塑造和形成过程中。如果要分析视频号和抖音等其他短视频平台的区别,重点是要思考它们在产品设计和运营策略上的差异。只有知晓这些差异,我们才能更有针对性地进行短视频内容创作。

1.2.1 视频号更欢迎真实的内容

如果习惯了在其他短视频平台上发布视频,你可能会很不适应视频号的风格。例如,抖音有配乐、滤镜、变声、自动字幕等很多丰富且炫目的后台编辑功能,这些编辑功能可以让你的视频在经过剪辑和特效强化后,变成一个耳目一新的版本。与此同时,如果你首次在视频号上发布内容,它的功能操作区看上去"清清白白",这就会让你感到非常茫然。一个熟悉抖音后台编辑功能,又来到视频号平台尝鲜的"小姐姐"曾私下跟本书作者说:

"当我第一眼看到视频号的功能操作区时,我当时的感受就是,脑袋就像眼前的操作区一样,一片空白。"

难道微信技术团队没有能力做出这些后台编辑功能吗？答案肯定不是。我们认为，这恰恰是微信所追求的运营策略。事实上，视频号也在不断进化、迭代自己的后台编辑功能，但是其运营策略决定了平台将不会提供过度美化视频的功能。因为它提倡的并非是记录抖音式的美好生活，而是希望用户能表现出一种真实的生活状态。

不难发现，现在很多平台上的短视频都经过了内容创作者对剧本的精心打磨，以及演员的刻意表演而制作出来的，专业门槛越来越高，普通人要想拍出这样的短视频，难度也越来越大。而且一个好的表演套路，会被很多账号复制到自己的场景中，并形成新的内容去发布。你有没有发现，当你在某个平台上"刷"短视频时，经常能在几分钟内"刷"出由不同账号发布的，表演套路又都差不多的视频内容。

相比而言，视频号更提倡用户以真实、接地气的表达方式展示更多样化的生活状态，而不一定像其他平台那样充满较多的娱乐化元素。真实，是视频号所倡导的，能让普通人拍摄出的视频被更多人看到，这是和其他平台相比，视频号在运营策略上的根本不同。

1.2.2 视频号允许更多样化的内容创作

目前，其他短视频平台上已经积累了丰富的视频内容，而且还有大量的内容创作者在持续更新中。以抖音为例，在算法推荐机制方面，抖音的算法推荐机制主要以用户经常观看的视频内容作为参考依据，以此为用户推荐更多同质化内容。而对于视频号来说，用户正处于尝鲜期，视频号平台上积累的内容相对较少，它的算法推荐机制显然不能简单地复制抖音的模式。相比抖音，视频号的算法推荐机制设置得非常"克制"。

在视频号上线 5 个月后，我们注意到，安装了微信 App7.0.15 版本的安卓手机（以下简称微信 7.0.15 安卓版）和微信 App7.0.13 版本的苹果手机（以下简称微信 7.0.13 苹果版）用户，其视频号主页界面经历了一次全新改版。

平台将视频号主页划分成了"关注""朋友♡""热门"三种信息流推荐板块。在"关注"板块里，用户看到的是自己主动关注的账号发布的视频；在"朋友♡"板块里，用户看到的是微信好友点赞过的视频；在"热门"板块里，用户看到的是系统随机推荐且用户并未关注的账号发布的视频。这说明，视频号仍希望用户通过"朋友♡"或"热门"板块，主动发现自己喜欢的内容，或者通过微信好友的推荐关注自己喜欢的账号。

如果创作者的内容得不到用户认可，没有较多的点赞数、评论数或完播率等数据，视频号也不会做大范围的推荐。但是如果创作者发布的内容在扩散到朋友圈和微信群后，产生了比较好的数据，其内容就有可能被算法推荐。

举一个例子，在视频号上线的第 1 个月里，本书作者刘兴亮在同名视频号上发布的一条偏专业的知识类视频获得了点赞数超 3700 个，播放量超 16 万次，评论数超 1100 条的好数据（图 1.2-1，数据截至 2020 年 5 月），甚至是其他非热门的知识类视频，播放量也超过了 10 万次（图 1.2-2（a）（b），数据截至 2020 年 5 月）。

点亮视频号：微信短视频一本通

图 1.2-1

（a） （b）

图 1.2-2

从目前来看，上述这种知识类视频在抖音平台上已经很难出现"爆款"。因为抖音的沉浸式体验，更适合以即时娱乐为主的视频。因而，以知识类内容为主的短视频，虽然在抖音平台上比较难成"爆款"，但由于视频号的"慢"节奏，反而能容纳更多样化的内容。所以，也有人认为：

视频号给专业的知识类内容创作者，以及其他娱乐性不是那么强的内容创作者提供了更大的创作空间。

我们判断，从长远来看，视频号上也将出现大量的娱乐性账号，并得到更多用户的关注。但目前还处于内容新鲜期的视频号，会让知识类的短视频有机会脱颖而出，甚至比以娱乐性内容为主的视频的播放量、点赞数等数据还要高。另外，视频号平台最大的一个特点就是能容纳更多样化的短内容创作形式，也就是说，用户在视频号上不仅可以发布视频，还可以发布图片，甚至还能附带简短的文案。因此，我们完全有理由期待新的短内容形态的出现。

1.2.3 视频号更具社交生态优势

2019年1月5日，"多闪""马桶MT"和"聊天宝"这三款社交软件在同一天发布。三款软件的发布商都做了卖力的推广，并取得了非常好的推广效果，但是用户想在后续建立更持久的联系，最后都是互相问同一句话：

"我们加个微信吧！"

其他社交平台也是如此，用户依然要通过微信App延续其社交属性。

微信积累了大量和社交用户有关的数据，视频号在借助社交关系推广方面有着先天的优势。比如，对于视频号主页上的任何一条视频，我们都能看到有哪些微信好友点赞过这条视频（图 1.2-3），这显然能调动我们"围观"该条视频的积极性。

图 1.2-3

再比如，我们在进入一个视频号账号的主页后，会在号主的个人简介下面看到"×位朋友关注"的提示。这个提示有助于我们判断是否观看该账号发布的更多视频，以及是否要关注该账号，因为我们更容易受微信好友观看偏好的影响。

另外，用户通过微信群、朋友圈分享和传播视频号内容，将有助于增强用户之间的黏性。正如刚刚提到的，很多人都有这样的习惯，更愿意观看微信好友关注的账号所发布的内容，并在评论区进行互动,这就极大地提高了视频号号主和用户互动的积极性。而视频号以类似微博的信息流界面方式展示,会突出"评论"按钮,显示"高赞"评论,更加强调了互动性。这也更加说明,微信生态创造了更突出的社交互动场景。

我们可以预见,未来短视频"带货"也可以在朋友圈、微信群、微信私聊等场景中直接进行,其社交信任度更高。这些都是微信生态的天然优势,也是其他短视频平台难以模仿的。

1.3 视频号的三大商业价值

视频号不缺用户,不缺流量,那么,如何挖掘视频号的潜在商业价值呢?我们认为,不同的企业,不同的视频内容创作者,可以考虑不同的变现路径。

1.3.1 推广企业品牌和个人品牌的利器

很多人都特别喜欢公众号的 Slogan——再小的个体,也有自己的品牌。公众号是微信生态里的第一个内容平台,长期以来主要以长图文的形式进行内容传播。现在,视频号的横空出世,弥补了微信生态里的短内容短板。公众号的这句 Slogan,放在视频号里依然适用,甚至可以说更加适用。

在信息化高速发展的今天,一家企业或一个人,无论是做多么小的生意,还是对某个领域感兴趣,都可以在视频号上充分展示自己的产品或个人特长，每个人也都可以发表自己的独到见解，为自己代言，为自己的产品代言。

因此，视频号注定会成为推广企业品牌和个人品牌的利器。

1.3.2 构建基于社交电商的闭环体系

"种草"和"拔草"是网络上的流行用语。"种草"是卖家或其他人向你分享或推荐某件商品，并激发了你想购买该商品的欲望，或者自己根据外界信息，对某件商品或事物产生想体验或想拥有的想法。"拔草"的含义则更简单，主要是指用户通过社交电商平台，购买之前已经在心里"种"下的"草"。

视频号背靠微信生态，正在搭建一个从"种草"到"拔草"的社交电商闭环体系。在前期，用户在视频号提供的场景下被"种草"，在后期，用户通过点击视频文案里附带的商品购买链接，前往购物平台实现"拔草"，这是一个不断正向促进的闭环体系。

1.3.3 挖掘新内容需求的创新工具

虽然视频号平台上的内容才刚刚开始积累，但是我们可以预见，在未来一定会出现：视频号和公众号的结合、视频号和小程序的结合、视频号和交互式H5形态的结合、视频号和直播间的结合，等等。每一种新模式的出现，都将为视频号带来一种新的创作模式。和当年的公众号一样，在刚上线的短短一年时间里，就从一个内容发布平台升级到一个集企业品牌推广、产品销售和用户服务为一体的综合性平台。

对于想运营好视频号的号主来说,在未来,视频号也可以"告诉"他们,用户到底对什么内容感兴趣。微信 App 聚集了中国的主流网民,大家在这里进行线上生活和娱乐,以及讨论各种各样的话题。如果用户对某个话题的关注度高,这个话题就会在微信生态里得到迅速传播。因此,号主可通过观察相关视频的点赞数和播放量等数据,捕捉形形色色的用户的需求和喜好,敏感度高的号主还可以及时根据此类信息挖掘用户需求,调整自己的内容创新方式。

因此,想要运营好视频号,号主需要多观察视频号上用户的需求和喜好,如果条件允许,还要去现场实际感受用户的需求偏好。

1.4 视频号创富:后来者逆袭的机遇

很多人都担心,自己现在开通视频号是不是已经晚了。一方面,短视频赛道上已经有很多"大 V"和 MCN(Multi-Channel Network,多频道网络)机构走在了前面;另一方面,视频号的开通权限是分批次开放的,很多用户在获得了开通权限并准备入驻视频号时,发现别人已经运营好几个月了,而自己才刚刚入场,不禁会心生疑问:"我还有机会吗?"

1.4.1 视频号是腾讯的战略级产品

本书作者刘兴亮在开通视频号后发布了第一条视频,腾讯公司董事会主席兼首席执行官马化腾先生很快在这条视频的评论区留言:"欢迎测试(图 1.4-1)"。那么,作者的视频号是怎么开通的呢?是在微信创始人张小龙先生的邀请下开通的。2020 年 1 月,在视频号刚上线的那段时间里,作者和马化腾、张小龙曾私下多次交流过对视频号的看法。

图 1.4-1

"视频号"这个名字，彰显了腾讯想借助微信生态的巨大流量，"突围"短视频阵地的决心。

（1）视频号被腾讯寄予厚望。很多人都知道，视频号的入口直接设置在微信 App 的"发现"菜单里，入口位置极其醒目，仅从这一点就可以看出，微信官方是十分重视视频号的。而腾讯旗下另一个短视频创作平台——腾讯微视，截至目前也只是"争取"到一个能转发到朋友圈的资格。

（2）腾讯非常重视视频号开局阶段的推广。视频号除拥有如此高级别的入口位置之外，在启动初期，邀约入驻的明星阵容也很庞大，有杨幂、邓伦、舒淇等众多明星入驻。

（3）视频号发展态势未来可期。对于视频号上与内容发布有关的规则，微信官方设置得极为严格，比如，加大了对"内容搬运"等侵权行为的监管力度。这说明微信官方非常重视视频号，希望能引导整个视频号内容生态的良性发展。

因此，无论是腾讯还是微信团队，都把视频号当作战略级产品来对待。作为拥有超过 12 亿用户的微信 App，微信官方推出的任何一个战略级产品都不会缺少流量。只要能够吸引和留住用户，视频号就能形成新的生态圈，以此带来新的流量红利。

1.4.2　视频号打通流量闭环，拓宽公众号商业空间

视频号作为微信官方布局内容生态的一部分，支持在文案里添加公众号链接，官方的说明是（图 1.4-2）：

"提前复制公众号链接，并在扩展链接中添加。"

图 1.4-2

号主在视频号平台上发布内容,除了让新的用户更直观地了解他本人,还能通过平台的算法推荐机制,让更多海量新用户发现他的优质公众号文章。所以说,当号主的视频号连接到这些用户时,用户除了关注视频号本身,还可以关注号主的个人公众号,对号主来说,这种模式实现了流量的双重沉淀和留存。

本书作者刘兴亮曾利用"视频号+公众号付费文章"模式,成功地完成了一次从视频号到公众号文章的用户导流,这篇题为《如何抓住视频号的机会?我给 9 点建议》的付费文章的最终数据如表 1.4-1 所示(数据截至 2020 年 5 月)。

表 1.4-1

数据项	数据
付费人数	4700 多人
阅读量	30000 多次
付费率（付费人数/阅读量）	约 15.7%
付费收入	10000 多元
赞赏人数	90 多人
赞赏收入	1000 多元
公众号"涨粉"人数	4000 多人

（公众号：刘兴亮时间）

这也意味着，视频号"带货"通道已经打开，号主只需要在视频或文案里引导用户点击公众号文章链接，就可以通过文章推荐相关的产品或服务，从而形成一个完整的商业闭环。

利用视频号向公众号导流用户，号主需要做好如下工作。

（1）录制好相关的短视频，内容要贴切公众号文章的主题。这就类似于电影的预告片，通过剪辑出贴切的视频内容，引起用户阅读公众号文章的兴趣。在拍摄视频的时候，还有一个吸引用户点击文章链接的小技巧，号主可以在视频快结束时，录制一句话，如"想了解更多，点击下方！"更多具体操作技巧我们将在第5章中详细介绍。

（2）在视频文案里设置相应的公众号文章链接（图1.4-3）。如果用户没有兴趣阅读该文章，那么这个链接也不影响用户的视觉感官。如果用户感兴趣，可以顺手点击这个链接，界面将直接跳转到对应的文章界面上。

图 1.4-3

（3）如果号主觉得在发布一条视频后，公众号文章的阅读量并没有达到预期效果，那么就再多拍摄几条视频，循环并反复为该文章导流用户。

如果做到以上 3 点，号主就有可能为公众号带来新的流量通道，同时还有可能激发公众号产生新势能。

1.4.3 视频号变现模式更多元化

视频号变现，不同的人会有不同的方式。

其一，以成为"网红"的方式。用不了多久，视频号上的第一批"网红"就会出现，当然，后面还会出现第二批，乃至第 N 批。当你成为"网红"之后，就能通过视频号为自己带来更多的附加收益，比如做广告代言。

其二，以电商"带货"的方式。如前所述，视频号背靠微信生态，正在搭建一个从"种草"到"拔草"的社交电商闭环体系。如果微信官方未来允许视频号关联微信小程序，用户就可以通过视频号在微信小程序里下单，那么关于视频号商业转化的想象空间将被进一步拓宽。对于有足够粉丝数的视频号号主，还可以通过导入腾讯直播的方式来提升粉丝的转化率，最终把粉丝沉淀在企业微信号里。在微信生态里，一旦打造出"视频号+公众号+微信小程序+腾讯直播+企业微信号"的新旗舰模式，用户就可以体验完全不同于淘宝的社交电商新玩法。

其三，以知识付费的方式。比如，号主通过视频号把用户带到自己的付费直播间，购买各种知识付费产品，或者直接引导用户阅读公众号里的付费文章。

还要特别说明的是，目前视频号需要的是"好内容"，所有向"好内容"扶持的流量，平台都没有收取流量费用。所以，现在是视频号内测的早期阶段，也是不收流量费用的红利期，更值得我们花时间研究如何快速抓住视频号的红利期。

视频号，意味着一个崭新的赛道正在迅速开启，能够拥抱变化、顺势而为的人，就有机会打造下一个闪耀的个人品牌，尽享时代红利。

1.4.4 算法推荐机制让后来者不乏机会

在视频号开通之后,其他短视频平台的内容创作者会在视频号上开通账号吗?答案是肯定的。

面对一个月活跃用户人数超过 12 亿的超大型流量池,谁又舍得放弃呢?实际情况也确实如此,很多其他短视频平台的内容创作者已经成为视频号上的初代创作者。但是,这并不意味着后入局的内容创作者就失去了机会。我们要注意到,视频号团队并没有选择"高举高打"的推广策略,而是选择了逐步渗透的推广模式。截至 2020 年 6 月,视频号依然处于内测阶段,产品也在每天快速迭代和完善中。这也符合张小龙一贯的产品设计理念,正如他在 2019 年微信公开课上曾说的:

"我们坚持了一个原则,如果一个新产品没有获得自然的增长曲线,我们就不应该推广它。"

我们有理由相信,视频号也将遵循和微信 App 一样的产品设计理念,当有好的用户体验和满意的增长数据后,视频号才会被大规模推广。在逐步引入新用户的过程中,视频号会逐步积累较高的人气和关注度,也会一直沉淀优质内容,同时还会快速迭代和优化各项细节功能。随着初代创作者的内容形态不断丰富,并且他们能在视频号平台上稳定持续更新内容后,视频号再给更多普通人开通视频号账号的权限,这样才更容易积累高人气。从这个角度讲,视频号的流量红利还远远没有释放出来,只是在有限地渗透中。用户与其着急开通视频号发布内容,不如先搞清楚其玩法,多囤积一些好内容。

我们有必要知道，在视频号的算法推荐机制下，先开通视频号的人不一定有先发优势。通过对不同账号的数据追踪和分析，我们发现，目前视频号上播放量稳定的号主，要么是从其他短视频平台过来的，之前就有影响力的内容创作者，要么是内容"卡"对了风口，得到了广大用户认可的号主。正如前面介绍的，只有数据好的内容才会得到算法的持续推荐，才会吸引更多粉丝，才会给自己的视频号带来更多流量。但是，现实情况是，大部分视频号号主往往在发布了几条视频后，发现播放量等数据不如预期，就立刻停止了更新。

秋叶大叔曾在视频号上发布了一条关于"视频号教程"的视频，在无意中成为"爆款"之后，就坚持分享多条关于这类内容的视频，并且"涨粉"速度很快。不过，每个容易被模仿的内容赛道很快就会人满为患，现在在视频号上发布这类视频的号主已经超过 100 个了。

在这些号主中，有的人在刚开通视频号时，就能获得较高的播放量、点赞数等。因为在他们当中，有的人视频剪辑创意好，有的人观点有深度，等等，总之都有各自的特色。但更多的号主在"模仿"了几个类似的视频后，发现"圈粉"效果不佳，自己也创作不出新内容，就立刻更换了内容定位和方向，之后的数据反而越来越差，甚至有的号主已经放弃更新。因此，如果没有好的内容积累，即使有的人的视频号开通得较早，将来也不会有很好的发展机会。凡是不想好内容定位，不坚持日更内容就想抢跑的人，我们认为，最后都很难坚持下来。

我们还注意到，很多第一批开通视频号的号主，在内容创作遇到瓶颈，并且用户失去了对其内容的新鲜感后，视频播放量等数据下滑得很快,对于这一现象,很多人得出一个结论:视频号平台缺乏流量。但实际上,在很多人研究且总结了第一批号主的经验得失后,采用了更好的展现方式表达同样的主题内容,反而得到了更多用户的关注。这也说明,视频号内容无论是通过社交关系推荐,还是通过算法推荐,其核心还是聚焦于有差异化的独特内容。因此,微信官方还特别强调:

"从他人那里搬运来的内容不会得到推荐,还可能会被处罚。"

所以说,还没有开通视频号的用户不必着急,视频号最终一定会向所有用户开通权限。如果想抓住视频号的红利,就要提前了解和学习平台的玩法和运营规律,提前分析好内容定位和目标群体,囤积好优质的选题内容。大家要始终牢记,机会总是留给有准备的人。

第 2 章

视频号基础操作入门

作为一个新的短视频平台,视频号有哪些不一样的操作,在本章中我们将从 5 个维度向大家全面介绍视频号,帮助大家快速入门视频号基础操作。

(1)开通——如何开通和创建一个视频号,以及如何选择合适的认证类型。

(2)上传和发布——如何上传和发布你的视频号作品。

(3)装修——如何装修你的视频号主页。

(4)技巧——玩转视频号必会的小技巧。

(5)规则——注意不要做哪些被视频号平台认定为违规的行为。

2.1 视频号的开通

2.1.1 视频号内测阶段

2020年1月18日,视频号启动内测。截至2020年6月中旬,用户开通视频号先后经历了以下5个阶段。

1. 影响力人物受邀入驻阶段

在视频号内测的第一阶段,微信主动邀请一些有影响力的人物入驻视频号,通过他们在视频号上发布作品,并将这些作品扩散到朋友圈或微信群,从一定程度上带动影响力人物的微信好友及粉丝关注视频号,为视频号的推广制造声势。

在这个阶段,很多粉丝发现,自己能在朋友圈或微信群中看到"大V"或他们的"铁粉"转发视频号作品(小程序版),但是自己并没有开通视频号的权限,这就激发了粉丝的好奇心:"我怎么没有视频号?"从而积累了更多粉丝想申请开通视频号的势能。

2. 内容创作者申请入驻阶段

2020年1月下旬至2月下旬,除微信邀约之外,部分微信用户还可以通过发送邮件或扫描二维码的形式,申请开通视频号。在这个阶段,一大批内容创作者通过了微信审核,进驻视频号,逐步丰富了视频号的内容生态。

在这一阶段，如果短视频或新媒体内容创作者注意到了视频号，他们中的很多人就会很自然地意识到，视频号隐藏着巨大的红利和潜力，会纷纷主动申请开通权限。与此同时，微信及时推出让普通用户主动申请开通权限的功能，并进行有序审核，顺利通过审核的用户会迅速在视频号平台上发布作品，同时做出相应的推广，这就进一步带动了视频号自身的势能。而没有通过审核的用户可能会到处打听："我为什么没有通过审核？"反而进一步为视频号带来新的流量。

2020年2月19日，视频号内测的第一阶段结束，邮件和二维码申请通道也暂时关闭。不过，从视频号内测开启之时，微信就一直在进行灰度测试，即随机地向小部分用户授权开通权限。

3．利用"社交关系"邀约阶段

2020年3月6日，微信借助升级新版本7.0.12，鼓励已开通视频号的用户利用"社交关系"邀约微信好友开通视频号。在这个阶段，微信会给部分视频号用户每人三张"邀请卡"，用户可邀请三位微信好友开通视频号。

"邀请卡"生效必须满足两个条件：一是邀请者和申请者是微信好友关系；二是两人的微信好友关系须保持3个月以上。图2.1-1（a）（b）是不符合条件的申请者收到的微信反馈信息。

图 2.1-1

4. 随机开通阶段

2020年4月中旬，越来越多的微信用户陆续发现，微信给自己分配了开通权限。在这一阶段，还有很多人总结出各种不靠谱的关于开通视频号的经验。其实，如前所述，从视频号内测开启之时，微信就一直在随机地向普通用户分配开通权限，只不过在这一阶段加快了分配速度。

尽管坐拥10亿级用户，但微信也并没有在内测阶段采取高调的推广策略，也没有向所有用户开放权限，而是选择了逐步渗透的推广模式，即逐步向用户开放视频号入口。有时，微信甚至还突然关闭某些用户的视频号入口。可见，微信一直在观察用户使用视频号的习惯，并一直在快速迭代和优化视频号的各项体验细节。

5. 大量开通阶段

2020年6月，微信快速推进了用户开通节奏。当足够多的具有短内容创作才华的用户入驻，视频号的功能迭代、内容生态建设基本完成，用户的自然增长和留存率达到临界点时，微信自然会为所有用户开放视频号入口，也包括发布作品的权限。

在全面开放阶段，用户在进入视频号主页后，将会看到很多全新的、高质量的内容可供选择，这时用户自然容易形成良好的观看习惯，并在很大程度上增强了与视频号的黏性，不至于出现因为感觉形式新鲜而关注、因为缺乏可读的内容而逃离的状况。

我们可以观察到视频号运营团队在策划和推广方面的节奏，也可以发现视频号充分利用了微信的品牌势能，以及微信生态里沉淀的社交关系来做策划和推广，并且生成了一个非常理想的关于用户和其他各项数据的良性增长曲线,这是一个教科书级的运营案例。对于视频号用户来说,这个推广策略所带来的启示是,今后在视频号上的"打法"一定要非常重视高质量内容的创作,一定要重视基于社交关系的传播及运营。只有抓住这两点,用户在视频号上的运营才能事半功倍。

2.1.2 视频号入口

打开微信 App,点击界面底部的"发现",在"发现"界面中会看到视频号入口(图 2.1-2),点击入口即可进入你的视频号主页。

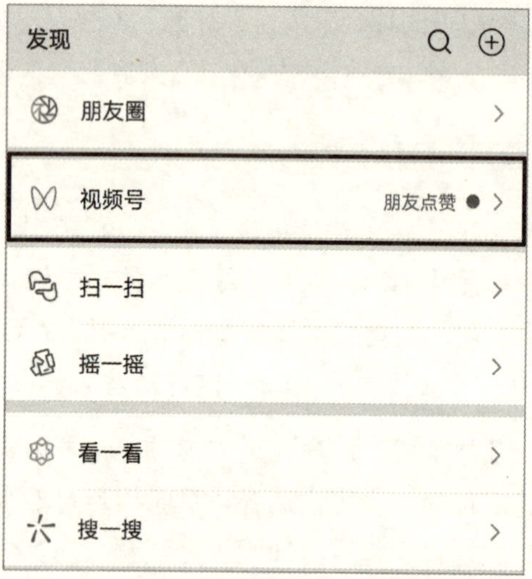

图 2.1-2

同时,在视频号入口处会根据以下 4 种情况,分别显示 4 种不同的提示。

(1)你关注的账号发布了新作品,入口处会显示该账号头像(图 2.1-3(a));

(2)号主回复了你的评论,入口处会有"新消息"的提示(图 2.1-3(b));

(3)你的作品被朋友点赞,会显示"朋友点赞"的提示(图 2.1-3(c))。

(4)"热门"板块有新的视频推送,将显示"NEW"的提示(图 2.1-3(d))。

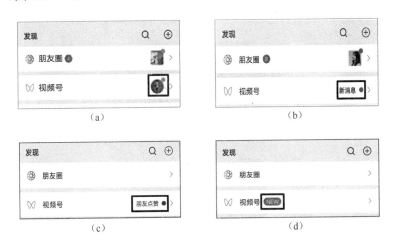

图 2.1-3

2.1.3 浏览视频号

秋叶大叔在 2020 年 2 月 13 日发布了第一条关于视频号教程的视频。在这条视频中,秋叶大叔断言:视频号对标的产品是微博。该视频发布后很多人都对这个观点产生了怀疑,但是在 2020 年 6 月初,在视频号针对微信 7.0.15 安卓版及微信 7.0.13 苹果版进行了主页界面全新改版后,很多人惊呼——"微博版"的视频号真的来了。

在新改版的视频号主页界面上,界面顶部出现"关注""朋友♡""热门""◎(附近)"4 个板块(图 2.1-4)。对于"关注"和"朋友♡"板块,当有新视频发布时,在板块各自入口处会出现"·"图标提醒。

图 2.1-4

(1)"关注"板块。在这个板块中,用户看到的是自己主动关注的账号发布的视频,并且平台根据视频发布时间的先后顺序,对视频依次排序。

(2)"朋友♡"板块。进入这个板块,用户能看到微信好友点赞过的视频,这和公众号"看一看"的功能类似。用户还能看到每个视频页面最下方显示的微信好友的点赞详情,包括有多少微信好友及哪些微信好友点赞过这条视频。

(3)"热门"板块。这个板块是系统随机推荐的,相对有热度的,以及用户并未关注的账号发布的视频。我们注意到,平台也会推荐一些评论数不是很多的视频,如图2.1-5所示,这是我们在2020年6月2日抓取的一条视频的截图,可以看到这条视频的点赞数并不多,这就说明视频号也在为新手内容创作者提供打造"爆款"视频的机会。因此,大家一定要认真对待自己发布的每一条视频,如果视频受用户欢迎,就有可能抓住被算法随机推荐到"热门"板块的机会。

图 2.1-5

(4)"◎(附近)"板块。点击这个按钮,在新界面上可以看到你附近的用户发布的视频,每条视频封面的右下角会显示你们之间的距离(单位:km)。

另外,当视频播放时,用户可以随时暂停,或者拖动进度条前进/后退。点击一次视频界面可以暂停,点击两次视频界面可以点赞(图2.1-6)。

图 2.1-6

2.1.4 创建视频号流程

从视频号入口进入你的视频号主页,找到界面右上角的

"小人头像"图标(图 2.1-7)并点击,然后在如图 2.1-8 所示的界面上点击"发表新动态",依次完成后续的一系列操作步骤,即可创建一个你自己的视频号。

图 2.1-7

图 2.1-8

在创建视频号时,你需要填写"名字""简介""性别"和"地区"(图 2.1-9),视频号的头像、名字、简介等信息都可以和你的微信账号的信息不同。同时,视频号"名字"最多能够输入 20 个字符(1 个汉字占 2 个字符,1 个字母或数字占 1 个字符),且 1 年内仅支持修改 2 次。

图 2.1-9

在创建视频号主体类型时,可以选填"企业号"或"个人号"。目前,视频号是和个人微信账号强绑定的,如果开通视频号是为个人所用,笔者建议用"个人号"的方式注册视频号,以后不会产生争议。如果开通视频号是为了企业做官方运营和宣传,建议在注册之时,企业就和相关微信账号的拥有者说明:用"企业号"的方式注册视频号。另外,企业尽量不要用员工的微信账号创建视频号,以免后续给双方带来各种不必要的麻烦。

2.1.5 视频号认证类型

在创建视频号账号时,系统并不会区分你是"企业号"还是

"个人号",但是在创建好账号后,你可以申请"企业和机构认证"或"个人认证"。通过认证的好处是,你的账号经过了官方认证,可信度比较高,在内容审核和算法推荐上,肯定比没有通过认证的账号更具有优先权。但是,需要注意的是,不管是"企业号"还是"个人号",在通过认证后,目前并不会得到平台额外的流量扶持,不过我们预测,不排除将来平台会为已认证的账号开通个性化服务功能。

1. 企业和机构认证

如果你选择申请"企业和机构认证",首先需要使用已认证的同名公众号为视频号账号认证,在认证通过后,该账号将被认证主体使用。所以,视频号平台特别提醒大家:

请使用合适的微信账号发起认证。

也就是说,当你使用个人微信账号申请了"企业和机构认证",相应的视频号账号就不属于你个人所有了,相当于你把个人微信账号的使用权转让给了企业。需要提醒你的是,目前一个微信账号只能创建一个视频号账号,且在创建成功后,该视频号账号不能和另一个微信账号绑定,即在另一个微信账号上登录。因此,我们建议,企业在创建企业号之前,最好能注册一个专用于企业号的微信账号。

视频号账号在通过"企业和机构认证"后,系统会生成一个"认证详情"界面,具体内容包括"企业全称""认证时间"及"工商执照注册号/统一社会信用代码"(图2.1-10)。

图 2.1-10

2. 个人认证

截至 2020 年 6 月,视频号用户申请个人认证需要同时满足两个条件:近 30 天内在视频号平台上至少发布过一个作品,并有至少 100 个粉丝关注该账号。

个人认证有两种认证类型,一种是职业认证,另一种是兴趣领域认证。

1) 职业认证

职业认证是指,认证者目前从事学术、医疗、文化、艺术、游戏、动漫、体育等相关行业。在认证时,认证者要向平台提供各级人事部门颁发的相关行业中级及以上职称证书,或者提供具有社会影响力等相关获奖证明。

2) 兴趣领域认证

如果认证者从事自媒体行业,或者是博主、主播,可以申请兴趣领域认证。兴趣领域认证需要满足如下条件之一。

（1）在所属领域持续发表原创内容，且视频号关注人数1万人以上。

（2）在所属领域持续发表原创内容，并且视频号或公众号关注人数达到10万人以上。

（3）在所属领域持续发表原创内容，并且除微信外，在其他平台上的账号关注人数达到100万人以上。

个人号与企业号最明显的区别是，在号主的视频号主页上，视频号名字后面紧跟的标识颜色不一样。通过"个人认证"的标识是黄色的，而通过"企业和机构认证"的标识是蓝色的。视频号在1年内只能认证2次。需要提醒大家的是，如果视频号因为违规行为受到平台处罚，取消了认证信息，或者需要修改视频号名字，要特别小心认证及修改名字次数的限制。

如果没有申请认证，即便是通过了实名登记的视频号账号，也不会出现任何标识（图2.1-11）。

图2.1-11

目前，企业号和个人号在基本操作上相差不大，大家都在努力尝试做出有趣的内容吸引粉丝。我们预测，未来视频号平台一定会像公众号一样推出更专业化的官方授权认证服务，并为企业号提供各种推广上的便利。

我们还预测，在微博平台上已被证明的成功经验和玩法，在视频号平台上也会被大概率地复制。比如，只有通过认证的用户，才能上传和发布超过 1 分钟时长的短视频。又比如，只有通过"企业和机构认证"的用户才能直接与粉丝私聊，并将粉丝导入企业微信群里。我们认为，这些功能都将会逐步开放。

2.2 如何上传和发布作品

2.2.1 上传和发布作品的步骤

一个视频号每天可以上传和发布多个作品，操作起来非常简单，主要分为以下 4 个步骤。

（1）进入个人视频号主页。正如之前介绍的，点击微信 App 里的"发现"，然后在新界面上点击视频号入口，进入主页。

（2）点击主页右上角的"小人头像"图标，进入二级界面，然后点击界面最下方的"发布新动态"，之后弹出"拍摄"和"从相册选择"选项（图 2.2-1），"拍摄"是指直接用手机拍摄视频或图片，"从相册选择"是选择保存在手机中的、事先剪辑好的视频或图片。大家可根据具体情

图 2.2-1

况,选择合适的方式。要特别提醒的是,剪辑好的视频在通过微信 App 保存到手机后,有可能被压缩,从而影响视频最终的呈现效果。

(3)对于上传的视频或图片,平台提供了简单的后台编辑功能。比如,在图片上添加表情和文字。如果上传的是视频,则可以选择视频内任意一帧画面作为视频封面(我们将在 3.3 节介绍如何设计吸引人的视频封面)。另外,平台还提供了添加背景音乐的功能,具体操作步骤是,在视频上传完成后,点击"编辑"(图 2.2-2),在底部操作栏中可以看到一个音乐符号按钮(图 2.2-3),点击它就能进行自动配乐,非常便捷。

图 2.2-2

图 2.2-3

平台会根据上传内容推荐一些背景音乐，你可以一一点击并试听。如果觉得推荐的音乐不适合，还可以通过视频下方的"搜索框"，根据视频的主题、风格，或是你喜欢的歌曲名、歌词，输入相应的关键词，搜索适合的背景音乐。如果在拍摄视频时，背景声音过于嘈杂，还可以移除视频原声。

（4）依次完成"添加描述""#话题#""所在位置"和"扩展链接"等操作（图2.2-4），还可以像微博一样，在"添加描述"中添加"@提到"，即添加某个视频号账号（不限于已关注的账号），最后点击"发表"按钮，即完成了所有操作步骤。

图 2.2-4

在视频或图片转发到微信群或朋友圈后,文案显示效果分别如图 2.2-5 中的(a)和(b)所示。无论是在微信群,还是在朋友圈,文案都只能显示两行内容,在微信群里显示的是 36 个字符,在朋友圈里显示的是 39 个字符,所以视频号文案的前 36 个字符一定要足够吸引眼球。

(a)

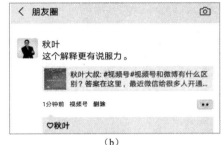
(b)

图 2.2-5

在上传和发布作品时,还需要注意如下几点。

(1)不建议用手机直接拍摄视频,因为这样拍摄出来的视频一般很难达到高质量要求,以及很难获得较好的传播效果,除非是追求现场真实感的新闻或突发事件视频。

(2)关于"所在位置"。这个功能可以显示发布者当时所在的地区,甚至是详细位置。比如,选择了"武汉市",在发布的视频或图片下方会显示"武汉市",如图 2.2-6 所示。如果点击"武汉市",会打开一个新界面,里面是所有带"武汉市"地标的视频或图片(图 2.2-7)。

图 2.2-6　　　　　　　　图 2.2-7

（3）关于"扩展链接"。平台目前仅支持公众号文章的链接，如果引用其他平台的链接，平台将提示发布者"链接未能识别，请重新添加"（图 2.2-8）。

图 2.2-8

需要特别提醒大家的是,要为每条视频[①]的"扩展链接"匹配相应的公众号文章,引导粉丝阅读文章,这是非常重要的,这会给公众号账号带来新的流量和粉丝。在这里,强烈建议你在每次发布视频之前,都提前考虑好链接哪一篇公众号文章。不管是链接自己的文章,还是链接别人的文章,都是允许的。

(4)关于文案。在视频号主页上,每条视频下方可显示的文字不能超过 60 个字符,超过的字符会被折叠,需要点击"全文"才能看到(图 2.2-9),阅读完后还可点击"收起"(图 2.2-10)。

图 2.2-9

图 2.2-10

[①] 目前,绝大部分视频号用户都以视频的形式在平台上发布作品,因此,本书如无特别说明,我们都默认作品是以视频的形式发布的。

（5）关于"#话题#"。如果你的微信 App 是 7.0.10 以上版本，那么在发布视频时，平台支持在文案中带"#话题#"。在图 2.2-11 中，视频所带话题为"#视频号教程#"。在视频发布后，点击视频下方的该话题，可以看到所有带这个话题的视频（图 2.2-12）。

图 2.2-11

图 2.2-12

（6）关于"@某个视频号账号"。这个功能意味着，基于"好的文案内容+合理的@某个视频号账号"的文案形式，在视频号平台上可以复制微博上很多"大V"之间、"大V"与粉丝之间的互动模式。所以在准备视频号文案时，要重视这个功能。如果你是"大V"，那么添加"@某个视频号账号"，就是为它引流、"涨粉"。

2.2.2　对上传视频的要求

视频号平台对上传视频的具体要求如下。

（1）视频分辨率及尺寸要求。如果视频以竖屏模式播放，分辨率要求是1080px×1260px，建议宽高比为6∶7。如果视频以横屏模式播放，分辨率要求是1080px×608px，建议宽高比为16∶9。

一般来说，我们主要以两种方式拍摄视频：一种是直接用手机拍摄和剪辑，另一种是用单反相机拍摄和用电脑剪辑。若是用手机拍摄，我们建议以横屏模式拍摄。如果想以竖屏模式拍摄，建议使用1∶1的比例拍摄，因为在上传视频时，平台会自动检索视频尺寸。宽高比在6∶7至16∶9之间的视频都可以直接发布，但超出这个比例范围的视频会被平台自动裁剪掉一部分。

表2.2-1列出了几个短视频平台对视频尺寸的具体要求。

表2.2-1

平台	满屏尺寸（单位：px）	自适应视频尺寸（单位：px）	其他说明（单位：px）
视频号	1080×1260（竖屏）1080×608（横屏）	1080×608~1080×1260（目前平台上较常见的3种视频尺寸为1080×1260、1080×1080、1080×608）	如果视频尺寸超过1080×1260，将被平台自动裁剪为1080×1260
抖音	1080×1920（竖屏）	1080×1920~1920×1080	支持全屏模式，如果视频尺寸属于自适应视频尺寸，那么实际尺寸之外的背景色默认为黑色
微博	1080×1920（竖屏）1920×1080（横屏）	1080×1920~1920×1080	支持横屏和竖屏模式，如果视频尺寸属于自适应视频尺寸，那么实际尺寸之外的背景色默认为黑色

（2）视频时长要求。每条视频的时长要求是1分钟以内（可在后台导入时长为5分钟以内的视频，并进行剪辑，如最终的视

频时长超过 1 分钟,平台会自动截取前 1 分钟时长的视频进行发布)。

特别提醒大家,在发布视频之前,一定要设置视频封面。如果没有设置封面,也要确保视频的第一帧图像是有画面的。否则,将视频转发到微信群后,由于第一帧图像没有画面,就会导致出现黑屏,如图 2.2-13 所示,从而影响了观看者的感官体验。所以,我们要在发布视频之前,手动选择视频中最出彩的画面作为封面,如图 2.2-14 所示,这样就不会出现黑屏事故了。

图 2.2-13　　　　　　　　图 2.2-14

但是,为了让封面有更好的呈现效果,我们推荐在上传和发布视频之前,尽量能为视频单独制作一个封面。制作视频封面主要有以下两种方法。

第一种方法是,在视频开始位置单独插入一张图片作为第一帧图像。也就是说,单独制作一张封面图,直接放置在视频最开始的位置上,这种方法可以批量且固定地产出同一种风格的封面。另外,还可以使用视频剪辑软件,直接在视频第一帧图像上添加文字等素材，这样可以在播放视频时，用转场动画技术进行切换，确保视频中的每一帧图像都能自然过渡。注意，在设置了封面后，还可以将封面的停留时间设置为 1 秒，甚至更长时间，给封面一个充分的曝光机会。

第二种方法是，在剪辑视频的时候，在视频顶部的固定位置添加文字，这就相当于在这个固定位置给视频设置了一个标题。比如秋叶大叔的视频号，在用户进入主页后，能看到每一条视频的顶部都是清一色的视频标题（图 2.2-15），在转发给微信好友，或者转发到微信群后，就会显示带文字标题的封面，非常醒目。

图 2.2-15

2.2.3 对上传图片的要求

视频号平台对上传图片的具体要求如下。

（1）图片分辨及尺寸要求。竖屏图片要求分辨率是 1080px×1230px（图 2.2-16（a）），建议宽高比为 6∶7；横屏图片要求分辨率是 1080px×608px（图 2.2-16（b）），建议宽高比为 16∶9。

宽高比在 6∶7 至 16∶9 之间的图片可以直接发布，其中包括宽高比为 1∶1 的方形图片，但超出这个比例范围的图片会被平台自动裁剪掉一部分。同时，在上传多张图片时，系统也会按照第一张图片的尺寸及比例，对其余图片进行相应的裁剪。

(a)　　　　　　　　　(b)

图 2.2-16

（2）图片数量要求。视频号要求每次发布的图片数量在9张以内，如果是多图，我们可以左右滑动手机屏幕，依次展示所有图片。目前平台暂不支持"动图"功能。

我们提醒，用户在视频号上很容易将这些图片当作视频来观看，而图片内容本身又是静止不动的，这就很容易被用户误以为自己的手机"卡"住了，从而直接跳过这些图片内容。微博上的图片是以九宫格的形式呈现的，如果将来视频号也支持这种呈现形式，那么将有可能带来更好的图片展示效果。

2.2.4 视频是选竖屏好还是选横屏好

如果习惯在抖音和快手这两个平台上发布视频，那么当你首次在视频号上发布视频时，就会很纠结：是选择竖屏好还是选择横屏好呢？图2.2-17（a）(b)是竖屏视频和横屏视频的效果对比图，其中（a）为竖屏视频，（b）为横屏视频。

对于竖屏视频，其视觉冲击力强，人物呈现效果好，更适合于情景剧或才艺展示类的视频。如果你的视频内容以人物剧情为主，那么建议使用竖屏模式。竖屏视频平台的代表是抖音，抖音的全竖屏模式很容易给用户带来一种沉浸式的观看体验，用户将一个个视频"刷"下去，很容易忘记时间的流逝，所以抖音被称为"杀时间神器"。但是这种全屏式观看模式的代价就是牺牲了社交互动性，因为一旦用户"跳"出全屏模式，观看体验就会终止。

(a)　　　　　　　　　(b)

图 2.2-17

相比于竖屏视频，横屏视频更能营造出一种画面的层次感，更适合播放风景和记录生活。和抖音不同，视频号更偏向横屏模式，虽然牺牲了一定的用户观看体验，但增加了互动性，这反而更符合微信的"社交基因"。根据视频号对视频尺寸的要求，横屏视频也更便于加字幕，这样用户第一眼就能直观地知道视频接下来要讲什么。

需要特别提醒大家的是，视频号支持长文案，支持"扩展链接"，以及支持将"高赞"评论显示在视频主页上，这些设计细节告诉我们，视频号团队一直在思考如何利用微信生态的社交优势，使产品在内容定位上能和抖音等平台有较大区别。视频号希望的是，基于视频内容搭建社交生态。同时，希望用户不仅点赞内容，而且能在评论区互动,以及分享、传播内容。

　　这也意味着视频号鼓励用户跳出视频号的界面,在微信生态里传播内容。抖音,希望把用户长时间留在平台上,因为用户离开抖音就意味着用户的流失。而对微信来说,用户跳出视频号的界面,在微信生态里交互,用户依然留存在微信平台上。

　　从这个角度分析,未来在视频号上,横屏视频会得到平台的更多支持。如果用户需要向多平台分发视频,就需要提前考虑,要么拍摄两个版本的视频,要么剪辑出两个版本的视频,一个适合横屏播放,一个适合竖屏播放。

2.2.5　上传图片时如何提示用户翻页

　　如果你一次上传并发布了多张图片,那么视频号主页只显示第一张图片。如果不加信息引导,很多用户都意识不到这是图片,还以为是一条被"卡"住的视频,这使得其他图片很难得到展示。所以,在上传多张图片时,最好能添加翻页提示。下面,我们为大家介绍5种给图片添加翻页提示的方法。

　　(1)做一个"标题党"。如图 2.2-18 所示,图片下方的一句"想要成为时间管理高手?这几本书推荐给你",提醒用户在这张图片的背后还有更多内容,记得翻页。

　　(2)在文案中引导。如图 2.2-19 所示,在图片下方的文案里,第一句"【记得翻页】"就是在提醒用户,不要忘记翻页。

图 2.2-18　　　　　　　　图 2.2-19

（3）在图片中引导。在图片中直接添加一个翻页箭头，或者以文字的形式引导用户翻页，还可以以"箭头+文字引导"的形式，如图 2.2-20 所示。

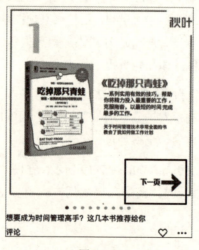

图 2.2-20

（4）在封面中引导。如图 2.2-21 所示，将第一张图片设置为封面，在该封面标题下写明"九图预警"或"记得翻页"等类似的提醒信息。

图 2.2-21

（5）使用图片联播。将图片转换为视频形式，即把图片做成可自动联播的小视频，并配上背景音乐，为用户省去翻页动作。

微信"视频动态"功能可以把多达 9 张的图片合成一个自带背景音乐，并且时长为 15 秒的图片联播小视频。具体操作步骤如下。

（1）打开微信 App，点击"我"，按住界面并向下滑动，这时会打开一个新界面（图 2.2-22）。

图 2.2-22

（2）选择图片。点击图 2.2-22 中的"📷拍一个视频动态"，然后在新界面上点击"相册"，在手机相册里选择想要合成的图片，最多可选择 9 张。

（3）配背景音乐。选择完图片后，点击"音乐"图标（图 2.2-23），系统会自动推荐一些背景音乐，还可以通过"搜索框"搜索歌名、歌词或情绪，找到你想要的背景音乐。

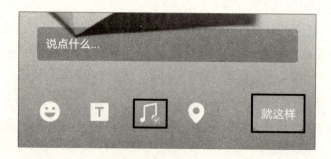

图 2.2-23

（4）点击界面右下角的"就这样"（图 2.2-23），视频将发布在"个人微信动态"里，同时也会在手机里自动保存一份。

2.2.6 选择在什么时间段发布作品

视频号不会显示每个作品的发布时间，因此，作品被算法推荐给用户的灵活度更大。也就是说，你的作品发布后，用户早一点儿或晚一点儿打开视频号主页，都不妨碍算法将作品推送给他们观看。

因此，影响作品播放量的最主要因素并不取决于发布时间，而是取决于作品能否得到更多用户的评论和点赞，以及是否有较高的完播率。如果这些数据值都比较高，作品就有很大的概率被算法推荐给更多用户观看。在视频号用户流量稳定后，选择一个在线人数最多的时间发布视频，有助于好作品尽快获得更多的播放量和点赞数，从而引发算法的推荐。

秋叶大叔的第一个"爆款"作品是在 2020 年 2 月 13 日发布的，但是真正被算法推荐并成为"爆款"是在 2 月 15 日。在之后的半个月时间里，这个作品被算法反复推荐，并最终达到了 40 多万次的播放量（图 2.2-24，数据截至 2020 年 5 月）。

在视频号内测阶段，大部分用户即便开通了视频号，也可能不会形成固定的观看习惯，他们有可能经常登录视频号，也有可能根本不打开视频号。所以，你的作品在什么时间段被用户观看，充满了随机性。相应地，作品的扩散范围和程度也充满了随机性。所以，不管你的作品是在什么时间段发布的，有可能获得很多的播放量，也有可能完全没有播放量。

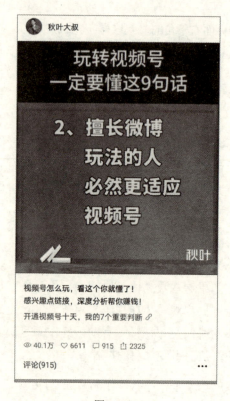

图 2.2-24

1. 选择在线人数最多的时间段

在未来,大部分用户形成了固定的观看习惯后,视频号号主想在视频号上发布作品,就应该提前考虑:一定选择一个在线人数最多的时间段作为最佳发布时间段。最佳发布时间段可总结为一个公式:

最佳发布时间段=用户在线最活跃时间段－平台对内容审核期(通常为0.5~1小时)

如果你发现用户在线最活跃时间段是中午 12 点到 13 点之间,那么,最好能在上午 11 点到 12 点之间发布作品,即提前 0.5~1 小时。因为作品发布成功后,平台还有一段内容审核期,在作品没有通过审核之前,用户还"刷"不出视频,甚至你的视频号主页也显示不了该作品。如果当时国内有重大舆情事件发生,内容审核时间会更长。因此,我们要提前留足审核时间。

2. 列举 5 个最佳发布时间段

不同视频号号主发布的作品内容不一样,其目标用户群体的在线活跃时间段也会有所不同。号主可以先了解自己的目标用户群体的特点,了解他们在一天中的主要生活作息习惯,以便确定自己的最佳发布时间段。

针对所有号主,一般来说,一天中大致有 5 个最佳发布时间段。

(1) 6~8 点:起床和上班时间。在这个时间段里,大部分人都会打开手机,看新闻,看公众号文章,再"刷刷"视频。这个时间段很适合发布一些新闻类、学习类的内容。

(2) 12~13 点:中午吃饭时间。很多人都喜欢边吃饭边"刷"手机。这个时间段很适合发布一些娱乐类、八卦类的内容。

(3) 16~18 点:下午茶时间。在下午茶时间,很多人会在休息的时候看手机。在这个时间段里,很多人喜欢看令人轻松的内容。

(4) 19~21 点:学习或休闲时间。很多"大 V"都选择在这个黄金时间段发布作品。如果想和"大 V"竞争黄金时间段,对作品内容就有非常高的要求。大家可多尝试在这个时间段测试作品的推送效果。

（5）22~24 点：这依然是很多人非常活跃的时间段。在这个时间段里，如果发布关于心理、情感、育儿亲子类的内容，会更容易吸引用户眼球。

笔者提供的最佳发布时间段只是一个建议，大家要多观察和跟踪自己视频号的相关数据，分析流量变化的趋势和原因。特别要考虑到，在视频号红利期，会不断有新用户加入，随时会有新的流量涌入视频号平台，这样"老"作品就有更多机会被新用户观看。因此，策划好作品内容，确保高质量，说不定就会被更多用户推荐、点赞，加上算法的个性化推荐，从而带来新的流量。这就是视频号的特点，只要内容好，会不断因为算法推荐而获得新的流量。因此，我们反而不必过于纠结作品是在什么时间段发布的。

3. 用好发布时间的其他小技巧

（1）如果你计划每天发布多个作品，可以选择在不同的时间段发布不同的内容，以此匹配不同时间段用户群体的观看偏好。

（2）如果网上出现"爆款"话题，这就是我们争取在第一时间发布相关作品的机会，也是利用"爆款"话题获取流量的最佳时机。我们要在第一时间拍摄与话题相关的短视频，并尽快上传到平台上，争取抢先曝光的机会，以便得到更多用户的关注和推荐，以此带来更多的流量。

2.3 视频号装修指南

2.3.1 视频号装修入口在哪里

在视频号平台上,我们可以修改自己的头像、名字、简介、个人主页背景图等信息。通过点击个人视频号主页的"…"(图 2.3-1),进入"设置"菜单,即可进行相应的操作。

图 2.3-1

如图 2.3-2 所示,点击带有个人头像及名字的一栏,在新的界面上,可以修改"头像""名字""性别""地区"和"简介"(图 2.3-3)。"头像"可以随时更换,但不能在头像图片中植入引导用户关注自己账号的相关信息。"名字"在一年内只能更换两次,特别是认证用户,在更换名字时一定要慎重。

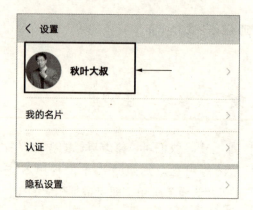

图 2.3-2

图 2.3-3

2.3.2　如何设计一个好名字

在视频号这个平台上，陌生用户一般第一眼看到的就是你的视频号名字（也称昵称）和头像。从营销的角度讲，一个好名字能让用户迅速记住你，并留下深刻的印象，这将有利于减少双方沟通的成本。

给视频号起名字非常重要，和微博一样，一个名字一旦被别人注册，其他人就不能再使用了。因此，为确保自己的品牌名使用权掌握在自己手里，我们需要第一时间去平台注册自己的视频号名字。

如果个人或企业已经具备了一定的社会影响力，最好能在各大网络平台上沿用已经被大众所熟知的名字，这样更具有品牌辨识度。如果有可能的话，你还应该将该名字进行商标注册，以保护自己的品牌。现在，大多数的网络平台都要求名字不能和他人重复。如果名字被占用，我们可以考虑将名字和一个专业标签相互搭配来命名，这样还可以增加受众群体对专业标签的印象。

以"秋叶大叔"名字为例，在视频号这个平台上，秋叶大叔还注册了"秋叶 PPT""秋叶 Word""秋叶 Excel 表哥"等相关账号，不过因为早期没有足够多的视频号开通资源，还是漏掉了"秋叶"这个名字（图 2.3-4），该名字已被他人抢先注册，留下了一个遗憾。如果想知道自己打算使用的名字是否被他人注册，只需要在视频号"搜索框"里输入相应的关键词进行搜索即可，如图 2.3-4 所示。

图 2.3-4

一般来说,一个好名字要符合以下 3 个原则。

(1)简单易记,易于传播。一个好名字的字数不宜过多,建议 2~5 个字为宜,也不必过于复杂。想要打造个人品牌的用户,建议将名字设置为自己的网络常用名,这更有利于从其他平台过来的粉丝能在视频号上更快地关注到你。如本书作者之一刘兴亮,其公众号名字是"刘兴亮时间",视频号名字就是"刘兴亮",这样保持了个人品牌的一致性。

另外提醒大家,好名字一定要方便用户快速输入和搜索,除非有特殊情况,否则名字里不宜加入太多生僻字或网络化元素,包括繁体字、奇异的外国文字等。

(2)避免侵权,便于搜索。如果你的名字别具一格,没有被其他账号重复使用其中的几个关键词,那么用户在视频号上搜名字时,就容易搜索到你的名字。所以,在想到好名字之前,最好在视频号的"搜索框"里搜一搜,调研一下和你有相同关键词的视频号号主的影响力大不大。如果已经有很热门的号主使用了这些关键词,特别是该号主的粉丝还非常多,你就要考虑使用其他关键词了。

举个例子,如图 2.3-5 所示,输入关键词"PPT",我们发现排名第一的名字是"PPT",但用户并不一定会关注这个账号,反而更容易注意到自己微信好友都已关注的账号"秋叶 PPT"。这也说明,号主在运营视频号时,一定要重视给自己的视频号起一个好名字,要有意识地引导用户关注你的视频号。

图 2.3-5

(3)突出人设,强化定位。如果你希望别人能记住你的视频号,那么你的名字里最好能带上鲜明的个人信息。特别是对于还没有较高品牌影响力的号主,就更需要在名字上动脑筋,通过加上一些个性化的标签,方便别人一下子记住你。下面给大家一张起名表,以拓展起名思路(表 2.3-1)。

表 2.3-1

真实需求	起名方法	案例
打造个人 IP/企业品牌	突出个人品牌名	"薇娅 viya""李子柒"
	突出兴趣	"小葫芦一字马女神""警花说""铁哥说宝""纽约酱"
	突出专业	"动态设计""菜心设计铺"
品牌宣传	突出产品或品牌	"小米""DJI 大疆创新""樊登读书会"
提升真名影响力	使用可以使用户产生亲近感的真名	"梁欢欢""陈诗远""我是张怡啊""老谭""爽姐姐说"

2.3.3 如何设计辨识度高的头像

用户在看到一个陌生的视频号时,一般来说,除视频号名字之外,一定还会看头像,甚至有些用户只看头像。所以,一个讨人喜欢的、辨识度高的头像,能吸引更多用户关注你。为自己的视频号选择一个清晰且有特色的头像是必需的——要么真实,要么个性,要么能传递品牌信息。

选择视频号头像,需要注意以下几点。

(1) 统一使用同一个头像。视频号和朋友圈不一样,朋友圈是一个私人空间,而视频号是一个公域流量空间,如果你想加深用户对你的印象,最好在所有网络平台上都统一使用同一个头像。

(2) 不要频繁更换头像。很多人喜欢更换微信头像,视频号上也可以随时更换头像,但是,从品牌推广的角度来看,尽量不要频繁更换视频号头像。除非你是大明星,为了让粉丝有新鲜感,可以定期更新一下头像。

(3)注意侵权风险。很多人喜欢用明星头像作为自己的微信头像,这是表达自己喜爱某位明星的一种方式,但是在视频号上,这样的设置就存在一定的侵权风险。

你可以将头像设置为自己的照片,也可以考虑使用卡通头像。如果你计划走专业路线,最好不要用过于娱乐化的头像,以免影响自己的品牌形象。

视频号头像对于一个企业、政府机构或高校来说,往往会使用 logo、标志或校徽,这是非常重要的身份象征。图 2.3-6 展示了几个具有代表性的"大 V"头像。

图 2.3-6

2.3.4 如何设计吸引人的个人简介

视频号里的个人简介(以下简称简介),无论是对于个人,还是对于企业、政府机构或高校,都是非常重要的信息,它往往是一个陌生用户了解你的重要渠道。如果你的简介里提供了能吸引用户的关键信息,则会极大地激发用户关注你的视频号的动力。我们都知道,抖音平台显示每个账号的关注人数,而视频号不显示此项数据。我们可以理解为,视频号团队希望大家能更多地关注账号本身,以及号主产出的作品质量。

简介可以写得比较长,比如,本书作者刘兴亮的简介就有整整 5 行内容,将个人背景展示得清清楚楚(图 2.3-7)。另一位作者秋叶大叔的简介则更多地强调了自己图书作者的身份(图 2.3-8),希望吸引这些图书的读者关注。

图 2.3-7　　　　　　　　　图 2.3-8

在准备视频号的简介时,我们还需要注意以下几点。

(1)视频号支持超过 10 行的简介(图 2.3-8),并且总长度不能超过 400 个字符。

(2)视频号支持换行排版,以及插入表情符号等,这个功能非常符合文艺青年的需要。所以说,视频号给我们提供了极大的创作空间,希望大家能充分利用好这些功能。图 2.3-9、图 2.3-10 是两个有趣的简介案例,供大家参考。

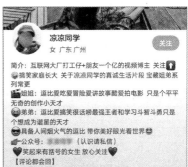

图 2.3-9　　　　　　　　图 2.3-10

（3）简介里要突出自己的个性或优势。比如，自身具备哪些能力，在哪些平台上拥有大量粉丝，在哪个领域里获得过专业奖项或荣誉，以及自己所属的单位或职务，等等，方便用户快速知道你的身份。

（4）需要注意，有的号主在简介里留下了个人微信号、公众号的名字，以及投稿邮箱，而这些都有可能被平台认定为是违规信息。

2.3.5　如何设计有冲击力的头图

我们打开任意一个视频号的主页，会看到主页顶部的一块背景图（图 2.3-11），这块背景图被称为视频号封面，为避免读者与 2.2.2 节里介绍的"视频封面"相混淆，本书我们统一将"视频号封面"称为头图。头图和名字、头像、简介一样，是留给用户的第一印象。视频号的头图可以自定义更换，是一个很好的软广告展示位。号主只要进入个人主页，点击头图这个位置，就会弹出更换头图的提示。

图 2.3-11

图 2.3-12 是见实科技创始人徐志斌的同名视频号主页上的头图，他的头图展示了自己的图书，结合头图下方的简介文案，这是一种非常好的软广告展示方式，值得我们借鉴。

图 2.3-12

需要注意的是，头图默认是横屏版式，如果你的图片是竖屏或正方形版式，在将其设置为头图后，就只能看到图片下半部分的内容。这就提醒我们，在制作头图的时候，要把核心信息放在下半部分，避免有效信息被平台自动裁掉。

根据作者的测试，推荐头图尺寸如下。

（1）安卓手机：参考尺寸 1080px×945px，图 2.3-13 是红米 K20 手机测试截图。

图 2.3-13

（2）苹果手机：参考尺寸 750px×750px，图 2.3-14 是苹果 8 手机测试截图。

如果按照以上尺寸制作头图，一般不会出现图片被平台裁掉一部分的问题。

图 2.3-14

2.4 玩转视频号必会的技巧

2.4.1 如何发现更多有趣的视频号

我们想要发现一些更有趣的视频号,应该怎么做呢?视频号平台针对微信 7.0.15 安卓版和微信 7.0.13 苹果版进行全面升级后,在主页界面上增加了很多细节功能,能帮助我们发现更多有趣、好玩儿的视频号。

(1)在"关注"板块的信息流中,平台会随机推荐新的视频号发布的作品,但是平台对于这种推荐算法设置得比较"克制"。

(2)用户打开视频号主页,默认显示的是"朋友♡"板块的界面,因此可以借助你的微信社交圈,发现新的视频号。

(3) 打开"热门"板块界面,去发现一些值得你关注的有趣的视频号。

(4) "↑双击标题,回顶部刷新"(图 2.4-1)。我们打开视频号主页,选择任意一个板块,连续向下滑动,在滑动过程中,只要双击相应的板块标题,就能随时回到该板块的顶端,并"刷"出更多新视频。

图 2.4-1

(5) 对于升级后的视频号主页界面,在我们观看完一个视频后,该视频下方会出现"↓更多相似动态"的提醒信息(图 2.4-2),点击后就能看到更多内容相似的视频。

图 2.4-2

在视频号的"关注"板块,我们看完所关注的视频号动态内容后,界面上还会出现"去热门看动态"的提醒,引导我们进入"热门"板块。这意味着视频号平台开始主动向用户提供同类型内容的视频,对于坚持做垂直领域的内容创作者,会更容易找到认可自己内容的目标用户群体。这也为视频号的内容"出圈(被更多自己圈子外的人看到)"打开了新的流量入口和想象空间。

2.4.2 如何转发或收藏你喜欢的作品

当我们发现喜欢的作品时,除了点赞和评论,还可以点击每个作品右上角的"…"(图 2.4-3),将作品转发到自己的朋友圈(图 2.4-4)。

图 2.4-3

图 2.4-4

平台针对微信 7.0.15 安卓版和微信 7.0.13 苹果版升级之后，作品下方的功能按钮发生了变化，突出了收藏和转发功能（图 2.4-3）。点击"☆"，可以收藏作品，作品将显示在我们视频号主页的"收藏的动态"里（图 2.4-5）；点击"⤻"，可以将作品转发给微信好友，或者转发到微信群。

视频号平台的这个转发功能，让很多用户想到了微博平台的转发功能。不过，我们在视频号平台上转发作品，是将作品转发给微信好友，或者转发到微信群，而不是转发到自己的视频号主页上，这和微博、抖音是不一样的。

图 2.4-5

这说明，目前视频号平台希望更多话题性的作品能被转发给我们的微信好友，或者转发到微信群，激发基于微信社交圈的讨论和互动，进而引发更多用户去视频号的评论区互动。对于任何平台，一旦没有互动，就意味着没有用户留存，就意味着失去了生命力。我们认为，在大部分用户形成了在视频号评论区的互动习惯后，转发功能将同时支持转发给微信好友，以及转发到微信群和朋友圈。

对标微博平台，当微博用户看到好的作品时，会转发到自己的微博主页上，以后可以随时并反复观看。视频号平台在将微信 7.0.15 安卓版和微信 7.0.13 苹果版的视频号主页界面升级后，转发功能前移至作品的下方，我们预测这暗示了将来会和微博一样，支持超过 1 分钟时长的长视频。如果用户不能立刻观看完视频，可以先收藏起来，以后再看。所以，长视频内容创作者可以期待：视频号平台会在不久的将来和微博平台一样支持优质的长视频作品。

我们大胆猜测,也许在将来,只有通过认证的视频号用户才能发布长视频,这样的话,认证的价值就体现出来了。

另外,视频号平台上的作品不能下载,不能分享到微信平台之外的任何平台上。如果我们对平台推荐的某条视频内容不感兴趣,可以点击"不感兴趣"(图 2.4-4),该条视频会立刻从界面上消失。有意思的是,如果你在"热门"板块界面上连续对几条视频点击"不感兴趣",该界面上的所有作品会被立刻清空,平台也不再向你推荐任何作品,并且在界面上显示"没有更多动态"(图 2.4-6)。

图 2.4-6

2.4.3 如何充分利用好评论区功能

视频号号主和用户之间的互动主要在评论区里进行。在评论区，号主除了回复用户的评论，还可以学习如下几个技巧。

（1）置顶评论。在某个作品的评论区里，如果多条评论被很多人点过赞，那么平台根据评论的发布时间依次对其排序，发布时间最晚的评论排在最前面。但是如果某条评论最先获得了3个或3个以上的点赞数，那么这条评论就会排在评论区的首位。同时，对于超过3个点赞数的多条评论，系统会根据点赞数的多少，依次对它们排序；如果点赞数一样多，则根据评论发布的时间排序，发布时间最晚的排在最前面。

超过3个点赞数且排在首位的评论（图2.4-7（a））直接显示在作品主页下方（图2.4-7（b）），但是该位置的评论也会按照评论点赞数的实时排序而动态变化。

（a）

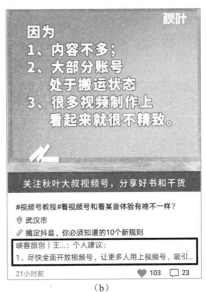

（b）

图2.4-7

在一般情况下，点赞也是有聚集效应的，最先获得 3 个点赞数的评论，如果不人为干预的话，基本上会一直排在首位，被其他评论超越的可能性不大。

如果某一条评论内容特别精彩，号主可以邀请微信好友一起点赞这一条评论。只要这条评论的点赞数比其他评论的点赞数高，就很容易显示在作品的下方，这样就获得了曝光一条优质评论的机会，如果文案中再加上"扩展链接"，该作品也近乎能获得全屏模式的展示了。

（2）点赞评论。只要是号主点赞过的评论，在这条评论的下面就会显示"作者赞过"（图 2.4-8）。这对评论者是一个很好的鼓励，号主可以多给评论者点赞。

（3）管理评论。号主可对评论做"复制""投诉""删除"和"移入黑名单"操作。具体操作方法是，点击某一条评论并长按 1~2 秒，在弹出的菜单中选择相应的选项即可（图 2.4-9）。

图 2.4-8

图 2.4-9

（4）关闭评论。号主可以点击某个作品右上角的"…"，选择"关闭评论"（图 2.4-10）。关闭评论后，评论的具体内容也会被隐藏起来。用户虽然可以看到评论数量，但无法发表评论（图 2.4-11），也会仅号主可以查看。

图 2.4-10

图 2.4-11

（5）提示评论。如果号主评论了自己或他人的某个作品，并且有人回复了评论，那么在号主视频号主页的顶部位置会显示提示消息（图 2.4-12）。注意，在微信 7.0.15 安卓版和微信 7.0.13 苹果版升级之后，评论区部分用户的名字显示为蓝色，点击这些名字（图 2.4-13），可直接进入该用户的视频号主页。因此，去热门视频号的评论区发表评论，将是一件越来越有价值的事情。这里也提醒大家，如果你想在别的号主的评论区做用户引流，一定不要发布过激评论,因为别的号主可以删除你的评论。

图 2.4-12

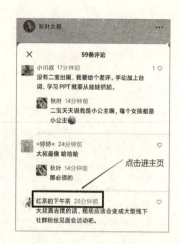

图 2.4-13

视频号的评论区已逐步开通更多功能,比如,用户已经可以直接在评论区关注某个评论者的视频号账号,甚至在未来,用户关注某个视频号账号后,还可以通过某种方式互加个人微信号并直接与其私聊。目前,视频号平台已经支持互为好友关系的用户打开"好友赞过"一栏,并点击好友头像,直接与好友私聊。经常有人说,用户通过微博平台认识后,需要转到微信平台上才能保持更持久的社交关系,而在将来,这种模式很有可能在视频号平台上一站式搞定。

(6)后台评论。如图 2.4-14 所示,号主可以在"消息通知"界面看到评论者的最新评论,点击评论,能直接跳转到相应作品的评论区,查看具体评论内容,操作很方便。

图 2.4-14

（7）引导点赞。引导点赞对作品播放量的快速增长非常有用。"高赞"作品更有可能得到算法的推荐。

视频号对文字内容的审核比较严格，若文案中出现"点赞"二字，作品可能会被限流或删除。但是，我们可以通过视频内容引导用户点赞，这里分享 3 种点赞小技巧。第一种是在视频配音中引导用户点赞。第二种是在视频画面中提醒用户双击视频点赞。视频号"刘兴亮"的每条视频都会加上"双击我的脑门有惊喜"的字幕（图 2.4-15），很多用户感到好奇，就会双击视频，这样就自动为视频添加了一个"赞"。第三种是号主可以在视频的最后一帧字幕里暗示用户，引导用户点赞。声音主播"张小狮"在字幕的最后一帧里会添加一个红色的"小心心"，用户观看完视频后，如果喜欢，就会顺手点赞。

图 2.4-15

2.4.4 视频号的其他后台功能

打开自己的视频号主页界面,点击"×人关注",可以看到关注人清单,你暂时还不能给关注人回复消息,但可以把任意一个关注人"加入黑名单"。在自己的主页界面上,你还能看到每条视频的收藏数、播放量、点赞数、评论数和转发数(图2.4-16(a)),而普通用户只能在前台看到这条视频的点赞数和评论数(图2.4-16(b))。

视频号基础操作入门 第 2 章

图 2.4-16

如果你发现,之前发布的某条视频在自己的主页上找不到了,那么很可能是由于该视频涉及违规内容,被平台限制传播,这时在"系统通知"界面你能查看到相应的通知。当然"系统通知"里也包括"封面违规"或"审核通过"等其他消息。

与公众号等其他平台的后台功能相比,目前视频号平台的后台功能还不够强大,缺少与数据分析有关的很多功能。但是我们认为,视频号平台在未来一定会推出与公众号平台一样的后台管理功能和数据分析功能,以方便号主评估自己的视频号质量。比如,公众号的后台提供了"文章跳出"数据分析功能,如果这个功能可以移植到视频号平台上,这将是一个非常重要的运营指导工具。

2.5 容易被视频号平台认定为违规的行为

在运营视频号时,我们还需要知道以下 4 类可能会被平台认定为违规的行为。

1. 在头图、封面和简介里导流

视频号"秋叶大叔"最早的头图如图 2.5-1 所示,其目的是想通过头图里的信息为自己的同名公众号导流。

不过很快,"秋叶大叔"收到了视频号平台的通知——头图因内容违规被清空。同时,会被平台清空的不仅仅是头图,还包括视频号的名字和简介。于是,秋叶大叔只好重新申请名字,虽然马上通过了平台的审核,恢复了"秋叶大叔"这个名字,但这也导致视频号一年两次的更名机会被用掉了一次。

图 2.5-1

通过对视频号平台规则的仔细研究,我们发现,平台不允许号主利用头图、封面和简介中的信息向其他平台导流粉丝,其中包括不允许在这些位置添加公众号和个人微信号的账号信息。另外,也不允许头图中出现二维码,图 2.5-2 中的头图就是因为向微信群导流粉丝,受到了平台处罚。

图 2.5-2

2. 诱导用户分享、关注、点赞等行为

如果发布的作品里存在诱导(或胁迫、煽动)用户去分享、关注和点赞作品的行为,这样的作品会很快被平台删除。

比如,秋叶大叔曾经发布过一条视频,文案带了"加粉"两个字,被平台认定为"诱导类违规",作品也很快被平台删除。可见,类似"涨粉""赚钱""加粉"等词都是敏感词,很容易引发平台删除或限流相关作品。

秋叶大叔还曾发布过一条视频,因为在视频号早期内测阶段,有人说号主点赞了谁的评论谁将有更大的概率申请到视频号开通权限,于是秋叶大叔在视频中对这个方法进行了回应。由于这条视频的字幕里包含"点赞"二字,结尾处为了引导用户在评论区互动,还用了"今天给我的视频号评论,每一条我都点赞,测试通过点赞数能不能打开视频号权限"的话术。这条视频曾先后发布过两次,最后都被平台限流了,只有秋叶大叔自己能看到视频。

3. 视频中含有"登录""注册"等敏感词

秋叶大叔的朋友也遇到过同样情况,发布的视频里因包含诱导性关键词而被平台限流。我们分析下面这个案例,视频中的图片含有"下载 App""登录邮箱""注册"等词语,这些都是平台默认的敏感词(图 2.5-3)。

图 2.5-3

4. 侵权行为

除上面介绍的涉及内容违规的行为外,平台也会严厉打击侵权行为。如果有人直接盗用他人视频并发布在自己的视频号上，一旦被他人投诉，经平台确认后，违规视频会被立刻删除，甚至相关账号会被平台封号。

如果号主发现违规或侵权视频，可以点击该视频右上角的"…"，然后点击"投诉"进行投诉（图 2.5-4）。弹出的投诉理由基本上是平台上关于内容违规的最常见理由，如果你发现自己的视频被侵权或"搬运"，就可以选择对应的投诉理由，并提交对应的证据。

图 2.5-4

第3章

视频号的内容策划

很多人抱怨，自己在视频号上发布的第一条视频和第二条视频的播放量都还不错，但随后发布的几条视频的播放量怎么就越来越低了呢？为什么视频号不提供流量扶持了呢？

答案其实很简单，如果视频内容本身并不出色，第一条视频和第二条视频的高播放量很可能是因为你的微信好友第一次看到你在视频号上发布视频，出于好奇和新鲜，点赞或评论了你的视频，为你的视频号带来了一波流量。但是，大家可能并没有真正被你的视频内容所吸引，后续也就没有再继续关注你更新的视频。视频号平台注意到了这一点，自然也不会把你的新视频推荐给更多人观看，视频播放量自然就下滑了。

要解决这个问题，我们需要将关注点聚焦在视频号的内容策划上，只有策划出好看的内容，才能吸引更多用户点赞、评论、转发及收藏，并最终让你的视频号得到越来越多用户的关注。本

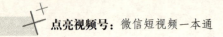

章我们将从如何找到"爆款"选题,如何判断一个视频号是否受欢迎,如何打造吸睛封面标题,如何做好评论区互动等几个维度,为大家全面介绍如何做好视频号的内容策划。

3.1 如何找到"爆款"选题

很多人关心如何找到"爆款"选题。我们可以考虑结合时下大众关注度高、讨论热烈的热点话题,因为热点话题更容易获得用户的关注度。如何找到热点话题呢?我们不妨研究一下其他短视频平台上的"爆款"视频,大致分析出哪种类型的选题在视频号上有成为"爆款"的潜力,这对我们思考如何策划好看的内容是有启发的。

不同的平台有不同的"调性"。抖音、快手平台上的视频包含较多的娱乐化元素,具有很强的剧本设计感,而且充满了丰富的表演元素。这些视频的时长都很短且剧情紧凑,否则用户很难有耐心看完。

反观微博,容易成为"爆款"的视频其内容主要分为以下3类。

(1)社会热点新闻和热点话题。微博上的热点新闻视频总能在很短的时间内被用户转发及传播。在视频号平台上,针对时下热点新闻制作的相关短视频,也同样容易成为"爆款"视频。如图3.1-1所示,视频号"湖南省应急广播"发布的这条视频感动了很多人,点赞数和评论数都非常多(数据截至2020年5月)。我们可以大胆推测,直击社会热点新闻或热点话题的官方媒体视频号，将在视频号平台上大有可为。

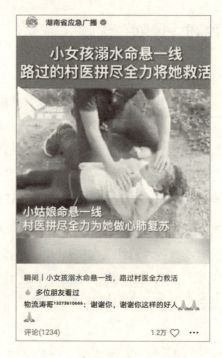

图 3.1-1

（2）明星发布的动态。很多明星的粉丝在微博上时刻关注自己偶像发布的动态内容，这个现象在视频号平台上也同样存在。欧阳娜娜在视频号平台上发布的第一条视频的话题是"#娜娜的Vlog#"，这条视频的点赞数破 1.6 万个，被置顶的粉丝评论很有趣："感觉我有了娜比的微信。"这就像粉丝看到了偶像的朋友圈一样，对很多粉丝来讲，这也是明星"宠粉"的一种方式。

（3）干货知识类内容。很多 TED 演讲或名人访谈视频经常能成为微博上的"爆款",而由于视频号对视频时长的限制是 1 分钟,这就让很多超过 1 分钟时长的干货知识类视频暂时无法上传到平台上。但是我们认为,1 分钟时长的这类视频依然有在视频号上成为"爆款"的可能。如图 3.1-2 所示,"秋叶 PPT"的这条视频的播放量就已突破 10 万次(数据截至 2020 年 6 月)。

图 3.1-2

经过我们分析,在视频号上能成为"爆款"的视频,往往都具备以下 3 个特点。

（1）受众群体足够广。视频内容一定要涉及大众化元素，否则很难成为"爆款"。比如，Word 是大部分人每天都要用的办公软件，具备大众化元素，此类干货知识类视频就有成为"爆款"的潜力。

（2）选题角度能引起用户共鸣。要让用户对视频内容产生共鸣，就要尽量从用户的痛点切入。比如，使用 Word 的小技巧有很多，其中"如何加一条分割线"就是很多用户的痛点。

（3）选题切入点要巧。"巧"并不是指简单地"蹭"热点，图 3.1-2 中的这条视频构造了一个职场前辈刁难新人的场景，从而让简单的 Word 操作变成带动剧情发展的重要元素，最终视频的呈现效果就大不一样了。

3.2 如何判断一个视频号是否受欢迎

如前所述，截至 2020 年 6 月，视频号平台暂时还没有为号主提供足够多的用于数据分析的工具，不管是针对后台数据（视频号号主可见的数据）还是针对前台数据（普通用户可见的数据），视频号平台提供的工具都很少，这就让我们很难判断一个视频号是否受欢迎，以及它究竟运营得好不好。表 3.2-1 是不同短视频平台提供的前台数据对比表。

表 3.2-1

数 据 项	视 频 号	公 众 号	微 博	抖 音
作品发布时间	无	有	有	无
作品阅读量/播放量	无	有	无	无
作品被转发次数	无	有（通过"在看"）	有	无
作品点赞数	有	有	有	有
作品评论数	有	有	有	有
每个账号的关注人数	无	无	有	有
每个账号关注了多少其他账号	无	无	有	有

我们注意到，视频号平台除了给出了每个作品的点赞数和评论数，用户暂时无法看到更多的前台数据。目前，公众号"清博指数"和"新榜"都分别发布了各自的视频号榜单，它们判断一个视频号是否受欢迎，其标准主要依据每条视频的点赞数和评论数。

秋叶大叔观察自己视频号上的点赞数并发现，如果一条视频的点赞数超过 500 个，那么这条视频的播放量破万次的概率就很大。当然，不同的视频号，由于其内容不一样，粉丝特性不一样，不同阶段的粉丝活跃度也不一样，因此，这个发现只能作为一个参考。但是这也说明了一个问题，如果一个视频号上的每条视频的点赞数都很多，就说明这个视频号比较受用户欢迎，并有稳定的用户基数，可以成为我们的一个对标参考标准。

秋叶大叔还观察了自己视频号上的评论数并发现，评论数与视频涉及话题的热度有关。如果一个视频号上的多条视频都具有较高的话题热度，号主也有很多"铁粉"，并且他能在评论区及时回复评论，那么评论区的互动性就更强，但是这不一定带来视频播放量的提升。从这个角度来看，通过观察一个视频号评论区的活跃度，能够分析出用户对这个视频号的认可程度。如果每条视频的评论区里都有固定观看者的评论，说明这个视频号已经进入留存粉丝的良性运营阶段，而不仅仅是依赖"爆款"视频吸引粉丝，那么该视频号未来发展的可持续性就更强。

如果一个视频号坚持日更，而且视频内容的制作模式很固定，各项数据也很稳定，说明这个号主已经找到了适合自己的玩法。因此，那些能够坚持运营的视频号，应该就是已经找到了正确的回报方向，所以更值得我们去分析、研究及借鉴。例如，我们通过评估视频的点赞数和评论数，发现了一些不错的、受用户欢迎的视频号，比如视频号"陈诗远"，该视频号无论是在封面设计上，还是在内容策划上都很用心，每一条视频的数据都很稳定，评论区也有较高的活跃度。虽然"陈诗远"的视频内容是从抖音同步过来的，但是在新的平台上一样获得了新的粉丝的认可。我们要多尝试发现这样的视频号，特别是和你同属一个领域的这样的视频号，它们是很好的学习对象。

建议大家多关注腾讯公司自己创建的一些视频号，对运营我们个人视频号有比较大的参考价值。推荐大家关注"腾讯""微信读书""微信派""微信时刻""腾讯新闻""微信游戏""腾讯电影""腾讯科技""腾讯QQ""QQ音乐""腾讯视频""腾讯游戏"等视频号。

还需要提醒大家的是，一个视频号，不管先发启动做得多么好，如果不努力进化和迭代，也一样会被淘汰。在视频号内测的早期阶段，很多有影响力的媒体机构都在第一时间入驻了视频号平台,但是很多媒体机构在发布内容时完全采用多平台分发的模式,这就导致这些视频在视频号上的点赞数下滑得非常快,这说明媒体机构要让自己的内容适应视频号的生态体系并不容易。

3.3 好片头好片尾,抓住用户眼球

3.3.1 如何设计吸引人的好片头

相比于视频的文案,作为片头的视频封面(以下简称封面)更容易被用户看到,更能激发用户打开视频的欲望。因此,不同的视频内容,应该结合号主的自身特点,设计有特色、有稳定风格的封面,以强化用户的记忆,提升视频的打开率。在图 3.3-1 中,视频号"肖维野纳"的这条视频所匹配的封面非常醒目,该条视频分享到微信群后的点击率就很高。

图 3.3-1

我们可以将视频中最吸引人的一帧图片设置为封面,以引发用户的好奇心,吸引更多用户观看。但是,建议大家在封面上添加一句与视频内容有关的文案,也相当于该视频的标题。通过一句话的形式将视频内容展示出来。直接让用户在第一时间抓住视频的核心亮点,促使用户停留观看,这是视频号乃至其他短视频平台最常见的一种封面表现形式,也是效果最直接的一种形式。作为视频内容的"第一句话",最关键的作用就是能出其不意地拨动用户的心弦。

例如,视频号"龚铂洋"(图3.3-2)和"肖维野纳"(图3.3-3)的封面就是类似的设计风格——清一色的"简单标题+粗体大字+对比色块"设计,给人的视觉冲击力很强,而且用真人图片更强化了视频号的个人属性,更易于个人品牌的传播和沉淀。视频号"刘兴亮"的封面,则采取的是横栏标题设计(图3.3-4),这也是适应视频号横屏播放模式的一种设计。

图3.3-2

图3.3-3

图 3.3-4

有不少视频号的封面采用了纯文字的形式。这种封面形式的好处是能让用户立刻判断他是否想打开该视频。封面上的文字可以采用疑问句或省略句的形式,这些形式能给用户一种情境代入感,从而让用户产生内容上的共鸣。

视频号"秋叶大叔"的"视频号教程"系列视频封面全部采用了简单、粗暴的黑板板书式设计,在每条视频的顶部和封面上,都同步强化视频标题,如图 3.3-5 所示。黑板板书式的视觉元素具有很强的个性,坚持用这种风格做该系列视频的封面,也会让用户留下较深的视觉印象,用户只要看到这个黑板报,就知道秋叶大叔出新教程了。

图 3.3-5

如果视频内容是围绕美食、美妆或者服饰等主题，由于这些主题本身具备鲜明的卖点和可适用的场景，所以，号主可以直接使用相应的场景图片作为封面，从而让有特定需求的用户看到封面就产生想打开视频的欲望。

比如，对于美食类的视频，封面可以直接采用各种美食图片（图 3.3-6），这类图片更容易抓住用户的眼球，刺激用户的味蕾，从而吸引更多用户打开视频，增加视频的播放量和点赞数。

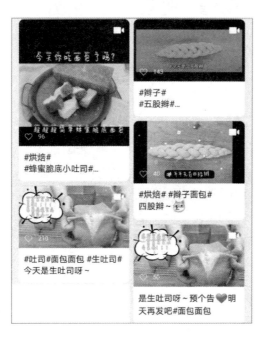

图 3.3-6

对于很多设计了故事情节的视频，可以考虑把视频中最具冲突性的画面设置为封面，帮助用户快速抓住剧情的核心焦点。当然，我们还可以在封面加上有冲击力的标题，封面就会更加醒目。视频号"秋叶 PPT"的封面就采用了"场景+标题"的设计形式（图 3.3-7）。

图 3.3-7

想要设计出吸引人的封面,我们给出如下几点建议。

(1)在视频开始播放后,让封面单独播放 1~2 秒,避免视频在转发到朋友圈或微信群后出现黑屏现象。

(2)对于一个视频号发布的所有视频,或者同属一个系列的视频,尽量保持封面风格的一致性,便于形成用户的视觉"记忆锤"。

(3)用户注意力是稀缺资源,所以封面一定要足够吸睛,字体一定要醒目,字数不用太多,但内容一定要"抓人"。

（4）注意封面版式设计，避免各种元素之间相互遮挡，要让用户一眼就能看明白。

（5）封面的最终呈现效果要体现出设计感，让用户觉得这是一个精心制作的视频，不能给人以"粗制滥造"的印象。

（6）对于以强化人设为主的视频号，封面应该尽量使用真人照片，便于用户更直观地了解号主。例如，视频号"薇娅 viya"的封面设计就很值得我们学习和借鉴。

再次提醒大家，封面要有冲击力，要能抓住用户眼球，但内容更要有可看度。否则，在用封面吸引用户后，却由于内容缺乏可看度而无法留住用户，这也是很可惜的。

3.3.2 如何设计吸引人的好片尾

除了封面，好的片尾也可以加深用户对视频的印象，或是起到引导用户关注视频号的效果。最直接、最简单的方法就是在片尾处的画面上添加自己的品牌 logo（注意，如果添加了剪映、抖音等平台 logo，则视频会被视频号平台限流），或者在视频中给出一句引导用户持续关注自己的结束语。比如，如图 3.3-8 所示，视频号"秋叶读书"的每条视频的结束语都是"我是秋叶大叔，每天为你推荐一本好书。"

如何设计吸引人的片尾，除了上面介绍的简单方法，我们再给出如下几种设计思路。

（1）在片尾处添加个人品牌 Slogan，增强个人视频号的辨识度。

（2）使用固定的片尾结束语，类似图 3.3-8 中的结束语，强化用户印象：我们这个视频号是做什么的。

图 3.3-8

（3）模仿电影的片尾花絮，提供一些惊喜彩蛋。

（4）给出下期视频主题预告，吸引用户关注、收看。

（5）引导用户在评论区评论，提高用户活跃度，或者引导用户点击公众号文章链接，为自己的公众号导流。

3.4 8大模式打造吸睛封面标题

视频号的封面标题如果设计得好，会大大提高视频的打开率，甚至带动更多用户关注你的视频号。如何打造吸睛封面标题，我们总结出 8 大模式。

1. 做总结

关键词：10 大、7 个、大盘点、排行榜、合集、清单，等等。

这些关键词能让用户感知到视频提供了丰富的内容，用户自然愿意打开视频。比如，很多关于"视频号教程"的视频都喜欢用《10 个小技巧》等类似的封面标题。再比如，化妆品评测类视频号发布的《最好用的粉饼大盘点》，以及读书类视频号发布的《最感人的爱情小说排行榜》，等等。这些都是为了让用户一眼就知道视频提供了丰富的内容。

2. 连载型

关键词：××系列之（一、二、三……）、××话题之（上、中、下）、当我××的第××天，等等。

如果视频内容太多，时长过长，可以将其拆分成多条视频，以系列视频的形式发布。这样每个封面标题就可以添加连载说明，方便用户知道后续还会发布更多视频，视频号"李子柒"的封面标题就是典型的连载型标题。这一类封面标题最容易吸引粉丝，因为系列标题意味着视频将持续更新和输出，如果用户喜欢你的单条视频，很可能会急于追看其他更多视频，并在很大概率上关注你的视频号。

3. 列数字

关键词：2 分钟学会、4 个××技巧、5 个××秘密、××

元搞定、低至××元、×招教你、×大排名、这一句话、这一个点子、这几招，等等。

《4000元搞定顶配笔记本电脑》《5个让视频号成为"爆款"的小技巧》《Word高手最爱用的7个快捷键》，这些带数字的封面标题是不是本身就很吸引人？

4. 做对比

关键词：VS.、PK、区别、不同，等等。

做对比能营造出更具戏剧冲突的场景感。比如，《爽肤水和精华水的区别》《现任男友VS.前任男友》《月薪3000元和月薪30000元的人有什么不同》，这样的对比往往能激发用户对视频内容的好奇心。

5. 提问题

关键词：如何、怎样、什么、为什么、如何做到、怎样搞定、是你吗、你同意吗，等等。

一个好问题往往能触达某一类特定用户的内心。提问题的封面标题能让用户立刻明白视频的主题。通过提问的方式将用户代入既定场景中，充分调动用户的情绪，激发用户打开视频。比如《丈母娘说男生婚前一定要买房，你同意吗》，这类标题会让很多用户迫不及待地想知道答案。

6. 做背书

关键词：××力荐、××同款、××最爱、××秘诀、大家都在看，等等。

"蹭"名人或热点事件,并以此作为封面标题,这类标题可以大大提升用户对视频内容的信任度。比如,《李佳琦最爱的口红TOP3》《薇娅同款眉笔》,是不是比普通标题更吸引眼球?

7. 假设体

关键词:假如、假设、如果、难道、应该这样玩/追/做,等等。

《假如今天你是老板》《假如直播间突然停电》《如果女友突然说要和你分手》,类似这样的标题能把用户代入特定的场景中,自然能激发用户打开这个视频的欲望。

8. 转折/震惊体

关键词:我以为……结果……、竟然、不敢相信这是真的、难怪、反倒、何必,等等。

转折/震惊体是网络上常用的抓人眼球的标题形式。不过视频号平台提示,如果为了吸引用户滥用这类标题,诱导、传播虚假内容,视频有可能会被平台限流。所以我们在使用这类标题时,需要仔细拿捏好分寸。

3.5 4类走心文案提升视频打开率

我们在发布视频时,可以在视频下方带一段描述性的文案,长度可达1000个字符。虽然在视频号主页上只显示前3行内容,但是写好这段文案，就有机会让更多用户打开你的视频。优质的文案主要包括以下几种类型。

3.5.1 简单叙事型文案

简单叙事型文案是指，用户通过阅读一段与视频背景有关的文字描述，就能获知视频所要表达的主旨，帮助降低用户理解视频的成本。我们来看图 3.5-1 中"科学育儿小七老师"的视频文案：

"前两天有家长留言想看男孩儿怎么养，今天他来了！"

图 3.5-1

这就是一个简单的叙事型文案，向用户解释了为什么要发布这条视频，并搭配封面标题《男孩儿脏了，不要说他》，马上就能吸引很多家长的关注。

除对视频背景的描述外，文案还可用具有场景感的故事或段子吸引用户。例如：

"认识两年的一个理发师，只能在走廊里抽空吃个外卖，漂着的人都不容易啊。"

"我在 3 个月里从 160 斤减到 120 斤，一开始并不相信，原来我们都可以做到。"

"那天是我第一次住院。"

当然，叙事型文案还可以写出"段子手"的感觉，有时段子甚至与视频内容无关，但需要有较强的场景感。例如：

"听完这首歌，我拿出我爸的香烟，衬托出自己是个沧桑的男人，美好的画面在我妈提前回来的那一刻定格了，当我俩四目相对时，我并没有慌张，而是眯着眼对我妈说：'小芳，这么早就回来了？'"

3.5.2 设置悬念型文案

设置悬念型文案是指，在文案中故意设置一个悬念，用户会为了满足好奇心而去观看视频，看完视频，答案也就找到了！如图 3.5-2 所示，"妍姐姐"的这条视频文案如下：

"我的亲身体会，运营视频号，我踩的这个雷你一定不要再踩！给新手的经验一定要看"。

图 3.5-2

文案中用了"亲身体会""踩的这个雷""新手""一定要看"等激发好奇心的关键词。

还需提醒大家的是,如果你的视频在最后 1 秒设置了反转情节,文案还可以这样写:

"一定要看到最后""最后那个笑死我了,哈哈哈""最后 1 秒颠覆你的三观",等等。

3.5.3 刺激互动型文案

这类文案会主动向用户发起与视频内容有关的邀请,巧妙地

引导用户对视频点赞、评论和转发。如图 3.5-3 所示,"秋叶 PPT"的这条视频的文案如下:

"如何用#Word#批量制作座位表?学会了小美给你们比心~

来我主页看一看,不再熬夜不伤肝~"。

这个文案发起了两个邀请——"学会了小美给你们比心"(在视频结尾处,小美有一个比心的动作),以及"来我主页看一看"。

图 3.5-3

除了向用户发起邀请,文案还可以采用疑问句或反问句的形式,通过预留开放式问题,提高用户的互动性。例如:

"你能打多少分?"

"你觉得这个怎么样?"

"有你喜欢的吗?"

"你还想知道什么,记得在评论区留言。"

"我做错了什么?"

"你们说我能怎么办啊?"

"你永远不知道,你在你们班男孩眼里是怎么样的?"

这类开放式问题会让用户很自然地想去回答,评论区的互动效果就会更好。但是有些互动型文案刻意刺激用户,让用户产生自我怀疑。例如,"我们每天都在吃的水果,你真的懂吗?""每天敷面膜,你不怕吗?"这样的互动文案,建议大家谨慎使用。

3.5.4 唤醒情绪型文案

所谓唤醒情绪型文案,就是用文字充分调动用户的爱情、友情和亲情等情感,文案中还可以添加一些"高唤醒"的情绪词,如"感动""暖心",等等。图 3.5-4 中,"赵黎 Grace"的这条视频文案如下:

"未知才是最大的惊喜!"

图 3.5-4

这就是一句容易让用户产生共情的文案,并配合视频里的美丽风景,激发用户给这条视频点赞。

好的文案一定要能吸引用户的注意力,调动用户的情绪,激发用户的好奇心。很多抖音上的热门视频,视频内容平平无奇,可能只是随手一拍的风景,视频中既没有突发的剧情,也没有能抓住用户眼球的关注点,画面也未必精致,但因为配上了一段走心的音乐,加上了一段走心的文案,反而能快速抓住用户。视频号"陈诗远""房琪 kiki"的文案就写得非常好,能调动用户在评论区评论的积极性,它们是这类文案的代表,大家可以关注这些视频号,学习优质文案的写法。

另外，大家在准备文案时，建议同步做好以下 3 步。

（1）添加"所在位置"。在文案中添加"所在位置"后，视频会推荐给相同位置的用户，有可能带来一波新流量。

（2）带上"#话题#"。在文案中添加"#话题#"，用户只要点击"#话题#"，就能看到添加了该话题的所有视频。如果号主坚持给自己的视频带统一"#话题#"，就能起到归类的作用；如果号主给自己的视频加上热门"#话题#"，就能起到导流的作用。在添加"#话题#"时，我们又为大家总结了如下几个小技巧。

① 一个视频支持带多个"#话题#"。

② "#话题#"中的文字可带标点符号或空格，但不支持换行和表情符号。

③ 想吸引用户点击"#话题#"，就把"#话题#"添加在文案的开头，或者放在最后，这样即使内容被折叠，也不影响导流效果。

④ 一个系列的视频，可以坚持带统一的"#话题#"，方便用户查看历史视频。

（3）添加"扩展链接"。即便你没有开通公众号，也可以带上一篇优质的公众号文章链接，为你喜欢的公众号带去流量。

3.6 如何做好评论区互动

视频号平台非常重视社交推荐，如何提升你的视频号的社交活跃度,一定是你运营视频号的重点。我们首先来了解视频号评论区的几个特点。

(1)平台不限制每条视频的评论数。

(2)用户在评论时,可切换账号身份进行评论,不需要号主审核通过即可发布。

(3)允许号主和评论者进行多轮互动,并且平台直接"放出"评论,同时平台在7月1日前后推出"浮评"功能(类似弹幕)。

(4)用户在没有关注该视频号的情况下,也可以在评论区评论。

(5)如果用户使用的是微信7.0.15安卓版或微信7.0.13苹果版,那么他能在评论区看到部分评论者的名字显示为蓝色(已开通视频号的用户,其视频号名字显示为蓝色),点击该名字,可直接进入评论者的视频号主页。

因此,视频号评论区和公众号评论区有很大的区别,反而更接近微博、抖音的评论区。视频号号主可以和评论者一对一交流,如果号主留下诸如"神脑洞"式的回复,就会让评论者感到被号主重视,因此更积极地与号主开展互动,进而更愿意观看后续的新视频,从而营造出一个非常理想的社交圈氛围。这样的话,号主就能慢慢地让更多用户通过视频号建立联系(包括互相关注视频号),对于有微信企业号的号主,还可以将用户"导入"微信企业号所创建的微信群里。

实际上,已经有很多号主在评论区里开展了积极而活跃的互动,甚至有号主将企业微信号的二维码图片发布在了个人视频号主页上(图 3.6-1),其目的是想通过建立相应的微信群实现导流。我们认为,无论这种做法是否有效,以及会不会受到视频号平台的处罚，但是至少说明，只要评论区的活跃度足够高，我们就有办法沉淀用户，激发用户参与更多与视频号相关的活动。

图 3.6-1

要做好评论区互动，首先要培养用户的互动习惯，通过在视频或文案里设置互动性问题等方式，引导用户去评论区评论。另外，如果我们有视频号矩阵，也要注意可以通过不同的视频号进行相互引流。

3.6.1　3种话术引导用户参与评论

一般来说，在所有短视频平台上，视频的点赞数往往多于评论数，这是因为用户顺手点赞更方便，而专门去评论区评论则相对麻烦。要解决这个问题，可以考虑在视频里添加合适的话术，尽可能地吸引用户参与评论，甚至可以让评论数超过点赞数。这样也会让视频有更大的概率被算法推荐，成功实现引流。

再次提醒大家，不能在评论区直接发布个人微信号、公众号或其他平台账号的名字，这种做法很容易被视频号平台认定为违规内容。

为了引导用户去评论区评论，我们为大家介绍3种话术。

（1）视频内容结合大众关心的热点话题。大众关心的热点话题更容易调动用户参与评论的积极性。比如，在视频号内测的早期阶段，很多人都关心视频号是怎样开通的，只要在微信"搜索框"中搜索"你的视频号开通没有"这类问题，就能看到非常多的讨论。

（2）告诉用户，你会在评论区解答问题。有的号主在视频文案里提醒用户："我会在评论区一一回答大家的问题哦！"从而提高评论区的活跃度。

（3）在视频结尾处引导用户去评论区交流。比如，如果是介绍汽车的视频，可以在结尾处告诉用户："如果想知道什么样的越野车好，我们在评论区见。"或者"想知道你的越野车性价比如何，我们在评论区见。"

如果想提高评论区的评论数，话术就要尽量简单，同时还要尽可能为用户提供一些小福利，在表3.6-1中，我们设计了8种互动话术（也给出了提高点赞数的2种话术），供大家参考。需要注意的是，表中带*的话术很容易被平台判定为违规内容，须谨慎使用。

表 3.6-1

提高评论数	"今天周末,干脆抽个奖吧!请在评论区说一下你为什么要学 PPT,抽取 3 人,每人送 1 本书!"*
	"是不是经常为开会而苦恼?这个模板是不是很厉害?请在评论区留下你的邮箱,悄悄送模板给前 100 位(粉丝)!"*
	"这 9 张图片,你最喜欢哪一张?请在评论区说出你的选择,如果你选择的是得票数最高的图片,我们回复你的评论,放出源文件链接!"*
	"这段视频是不是很有趣?想看全集的同学举个手,如果人数多,我们就把全集放出来!"
	"PPT 低手、高手和高高手,你是哪一个?请在评论区找到你的同类!"
	"用手绘风写出名字,是不是很可爱?在评论区留下名字,抽取 1 人,帮你设计签名!"
	"……你中了几'枪'?来评论区告诉我,你不是一个人!"
	"《青春有你》,'小姐姐们'的 PPT,你 pick(选择)哪一个?"
提高点赞数	"点赞满……个,提供一个稀缺福利。"*
	"老板说,如果这一条(视频)的点赞数不能超过 666,我就要被……,求求各位小可爱,江湖救急,捧个场……"

除积极引导用户去评论区互动外,号主也应该加强对评论区的维护工作。经常"刷"微博的用户都知道,微博评论区里的某些评论往往比微博博主发布的内容还要精彩。一条精彩的评论,本身也能获得成千上万个点赞,甚至引发更多用户来评论区交流。

如果你的微信账号绑定了视频号账号,那么你在视频号评论区点击头像,可以切换"使用视频号账号评论"或"使用微信账号评论"。

3.6.2 如何通过"大 V"评论区引流

在视频号平台上,"大 V"评论区也是能巧妙引流的地方。想通过"大 V"评论区引流,我们介绍如下几个操作技巧。

(1)选择同领域中评论区互动程度较高的"大 V"。这类"大

V"的评论区活跃度非常高且流量大,如果你的评论观点独到,能吸引很多用户的注意力,那么就能引发大家对你的评论点赞,甚至再次评论。在你的评论被很多用户点赞后,就有可能出现在该条视频的主页上。

如果评论内容提前进行了巧妙设计,就能实现引流。比如,秋叶大叔第一时间在"秋叶 PPT"新发布的一条视频的评论区发布评论,并点赞自己的评论,为自己引流(图 3.6-2(a)),争取到一个在该视频主页上曝光的机会(图 3.6-2(b))。

(a) (b)

图 3.6-2

如果"大V"有视频号矩阵,这种玩法更有利于给新视频号、"小号"引流,特别是个人微信号和视频号同名的话,评论内容会出现在视频主页上,这本身就是一次品牌曝光。

(2)第一时间火速评论。在"大V"发布新视频后,评论要越快越好,这样才能让你的评论位置尽量靠前,从而被更多用户看到,并且有可能获得更多的点赞数,这就是评论的首发效应。

"微信读书"曾发布过多条关于明星推荐好书的视频,秋叶大叔得知后,第一时间在一条视频的评论区发布了评论,评论被很多用户点赞后,最终出现在了该视频的主页上(图3.6-3),这就有机会让更多用户看到秋叶大叔的评论,客观上提高了秋叶大叔的个人品牌——"秋叶"的曝光度。以后若用户看到秋叶大叔的同名视频号,关注视频号的可能性就会更大。

图 3.6-3

还要提醒大家的是，如果评论区里已经有大量评论，你就不要再去评论了，因为后面的评论靠点赞数提升排名的难度将大大提高。

（3）评论内容要有新意。本节在一开始就介绍了，用户可在评论区点击部分评论者的名字，直接进入评论者的视频号主页，关注他的视频号。所以要想让别人关注你的视频号，就不能发布诸如"沙发""支持""太好了""赞""转发了"等价值不高的评论。而是要留下要么有趣、有料的"神回复"，要么让人印象深刻、朗朗上口的"金句"，要么力透纸背的独到见解或深刻分析，这样才能给人留下深刻的印象，让别人产生想关注你视频号的想法。

演员黄奕曾发布过一条自己和3D老虎在一起的视频，评论区里的第一条评论非常有趣，并且获得了很高的点赞数，如图3.6-4所示，这也是值得我们学习的获得"高赞"评论的技巧。

图3.6-4

（4）发布评论时的几个"不要"。我们建议，在短时间内尽量不要在不同视频的评论区发布一样的内容，这样将可能导致你的视频号被视频号平台限制评论一周。还要再次强调，千万不要在评论中带敏感词，也不要直接发布广告，更不要发布公众号名字、个人或企业微信号名字等信息，这些内容很容易被视频号平台删除。

另外，也要提醒大家，在短时间内频繁点赞的行为也是会被平台警告的，平台会限制你进行该项操作。

（5）2020年7月1日，视频号平台开始对"评论滚动显示"进行灰度测试（图3.6-5），这个功能被称为"浮评"，类似B站上的弹幕。如果评论内容太长，也会被折叠。如图3.6-6所示，我们可以将视频暂停，勾选"浮评"选项，喜欢弹幕的更多年轻用户可以很方便地进行相应的功能设置。

图3.6-5

图3.6-6

第4章

视频号的运营策略

很多人经常问我们,怎样才能通过视频号实现快速变现呢?

需要提醒大家的是,当年很多人在微博和抖音平台上开通账号后,都是先通过做"爆款"内容吸引粉丝,然后用干货内容留住粉丝,最后用走心活动实现变现的。能坚持到最后的"网红",从来都不是从粉丝关注他的第一天开始,就迫不及待地想去立刻变现的。

微信希望视频号是一个人人记录和创作的平台。如果我们在视频号上过早地实现商业化,有可能会影响用户在视频号上的观看体验。因此,你不要担心在微信生态中无法通过视频号实现变现,而应该关心如何运营好视频号,只有这样才能让更多的用户愿意观看你的视频。

4.1 找准定位，吸引精准流量

在开通视频号后，很多人最初的困惑是不知道发布什么内容，导致他们一方面要花很长时间去策划内容，另一方面又怕自己错过视频号的时机和红利。

我们认为，对于个人视频号的运营，其实可以分为普通人使用和专业化运营两个层面。普通人使用视频号更多的兴趣是关注自己喜欢的视频号，以及在视频号平台上发布一些自己拍摄的视频并和亲友分享，一般不会考虑个人视频号能增加多少用户关注，总之，一切开心就好。如果你想从事专业化运营，那么就需要认真考虑视频号的内容定位，并围绕这个定位来策划选题，争取可以源源不断地产出质量比较稳定的视频，吸引一部分用户长期关注，从而带来可持续增长的商业价值。因此，在本章，我们将主要围绕专业化运营这个层面展开介绍。

4.1.1 明确运营目标：你做视频号到底是为了什么

首先，我们需要明确运营目标，也就是运营视频号的最终目的。其实，获得流量多少和"涨粉"多少都是衡量视频号运营好坏的重要指标，而且越高越好。但是如何获得高数据指标只是其中的手段，更重要的是，首先我们一定要清楚自己做视频号的最终目的是什么。只有明确了最终目的，才能规划出合理的目标，

表 4.1-1 列出了几类常见的运营视频号的目标,以及各个运营目标所适合的人群和考核数据。

表 4.1-1

运营目标	适合人群	考核数据
打造个人品牌	明星、专业人士	粉丝数、播放量、评论数
推广公司品牌	企业	播放量、主导话题参与人数
带动产品销售	企业、"网红"	播放量、销售额
用户售后互动	企业	评论数

其次,我们需要把运营目标按阶段规划。在运营的早期阶段,如果你没有很大的名气,那么肯定是以"涨粉"为目标的,需要想方设法先通过各种活动实现导流,以积累更多的粉丝数,这样才有可能筛选出喜欢你的用户群体,随后通过内容运营培养个人视频号的"带货"能力。

比如,秋叶大叔最初将自己视频号的内容定位为"视频号教程分享",这是因为在视频号内测的早期阶段,很多人不知道该怎么玩,所以做教程分享就会吸引更多人的关注。后来,越来越多的人熟悉了视频号的基础操作,其同质化内容也越来越多,赛道变得越来越狭窄,促使秋叶大叔必须为其视频号寻找更大众化的定位。现在可以透露一下,秋叶大叔未来的计划是做一个推荐优质图书的视频号矩阵。由于喜欢看书的人很多,因此如果推荐好书给大家,一定会有较大的市场,同时也符合秋叶大叔爱读书、爱写作的人设。

4.1.2 明确用户需求：你的视频号想吸引什么样的用户

所有在抖音、快手等短视频平台上获得成功的"网红"，都非常明确自己想吸引什么样的用户。只有吸引了精准用户，在后续的视频推送中才能实现精准转化。比如淘宝直播"一姐"薇娅，在运营视频号的起步阶段，以励志女强人的形象出现在视频号上，并快速吸引了一大批用户关注。因此在讨论用户为什么要关注我们的视频号之前，需要换位思考，我们希望吸引什么样的用户，进而明确下一步的任务，那就是要做什么样的内容去吸引这样的用户。

不管在哪个短视频平台上，如果能持续推出一系列的"爆款"短视频，那么内容创作者一定是在明确用户需求方面做对了以下4点。

1. 为用户提供所需要的信息及服务

"爆款"短视频不仅为内容创作者提供了展示自己的机会，而且为用户提供了所需要的信息及服务，让用户不后悔消耗了流量和时间。比如，以干货内容为主的短视频解决了用户长期关注的某个领域的专业性问题，晒明星生活的短视频满足了粉丝的追星需要，提供搞笑、娱乐内容的短视频给用户带来了欢乐，新闻热点类短视频向用户及时传递了当下最热门的话题。因此，有多少条赛道，就必然有多少个可以在赛道上脱颖而出的内容创作者。

2. 为内容确立清晰且垂直的主题

当我们在视频号上发布内容时，一定要坚持发布及沉淀关联度高的内容，这样才能让平台算法为我们打上对应的标签，以便平台能更精准地把优质内容推荐给感兴趣的用户。在信息流时代，一个视频号的主题定位越垂直，算法推荐引擎就越喜欢。如果我们的主题过于分散，那么算法推荐引擎就"不知道"如何给作品加标签，"不知道"应该把内容推荐给哪类用户。

在此，我们推荐一个最优"打法"，那就是在运营视频号时，首先明确几个核心标签，发布的内容要符合这几个核心标签的内容定位，然后进行慢慢打磨，将内容品质做优，做出影响力，之后慢慢分化出不同的标签，最后甚至可以布局视频号矩阵。因此，我们也建议，在刚开始运营视频号时，不要因为发布的内容没有得到算法推荐，就盲目跟风更换标签及内容，一定要想好自己的核心竞争力，并围绕这一点做内容定位和相关策划，以此吸引精准人群，并在将来打通多重商业模式。

还有一点，如果我们不知道有哪些垂直赛道，那么就去看看抖音、微博、快手这些平台是如何做视频栏目分类的，由此就能很快判断出我们在哪些赛道上更有优势，选择自己有优势的赛道会更容易取得成功。

抖音视频栏目的分类可参考如下：

生活、娱乐、美食、美妆、才艺、文化、音乐、美女、帅哥、游戏、舞蹈、剧情、穿搭、宠物、汽车、旅行、动漫、科技、情感、图文控、体育、搞笑、影视、萌娃、母婴、资讯、

"种草"等。

微博的视频栏目分类可参考如下：

社会、国际、科技、科普、数码、财经、理财、明星、综艺、电视剧、电影、音乐、汽车、体育、健身、健康、瘦身、养生、军事、历史、美女模特、摄影、情感、搞笑、辟谣、正能量、政务、游戏、旅游、育儿、校园、美食、房产、家居、星座、读书、三农、设计、艺术、时尚、美妆、动漫、宗教、萌宠、婚庆、法律、舞蹈等。

快手的视频栏目分类可参考如下：

穿搭、音乐、明星、汽车、二次元、美妆、萌宠、情感、风景、Vlog、工艺、探店、视界、书画、影视、萌娃、运动、舞蹈、摄影、旅行、图集、直播等。

综合抖音、微博和快手平台对视频栏目的分类情况，我们在定位自己视频号的内容时，可以从以下3个角度来考虑。

（1）定位于自己的专业背景，如设计、财经、营销、法律、装修、汽车等。

（2）定位于自己的身份关联，如考研、求职、母婴、恋爱、结婚等。

（3）定位于自己的兴趣爱好，如美妆、军事、游戏、动漫、健身、星座等。

3. 为"主咖"设计个性化人设

除了新闻时政类视频，对于其他类型的视频，其"爆款"内容中一般都设有一位"主咖","主咖"可以是真人,也可以是卡通人物,但无论是哪种形式,"主咖"都有着自己鲜明的人设和个性,这也是一个视频号的灵魂。

考虑到用户在观看持续更新的视频过程中,可能会慢慢了解并喜欢上"主咖"的人设,这就有了让内容创作者围绕人设衍生出更多内容和产品的可能。如果一个视频号始终介绍干货,或者始终输出套路化的内容,并且缺乏"主咖"所带来的有温度的传递,那么这个视频号在大概率上"走"不远,并且变现模式也很难打通。

培养个性化人设"主咖"的过程和电影造星有类似的地方,只是我们这个时代能容纳更多样的个性化人设,我们可能没有明星的粉丝多,但我们和关注者可以建立比明星和粉丝更为紧密的互动和连接,这一样可以得到合理的回报。

4. 为内容创作者打造明显的个人风格

好的"爆款"视频往往可以体现内容创作者明显的个人风格,而且可以沿用相似的模式实现可持续的产出。用相似的模式创作大量的剧本,一方面能够极大地降低创作成本,另一方面能固化在用户心中的印象,从而沉淀出一批对自己高度认同的用户,后续也会产生各种变现的可能。

另外,有些"爆款"视频也许只是因为内容中的某些"点"意外地触动了用户,但是想要在"爆款"的基础上持续推出"爆款",就必须总结出一套自己的视频拍摄方法论。

4.1.3 明确自身特色：你的视频号为什么能够留住用户

对于一个优秀的视频号来说，内容创作者应思考每一期、每一季的选题方向，而且尽量能和当下热点话题遥相呼应。同时，在规划内容选题时，一定要思考视频内容可以为用户带来哪些实际的好处，以及是否解决了用户当前的实际需求和痛点。

策划视频选题有 4 个原则：用户相关性、内容新鲜感、视频号人设值及话题热门程度。

这就意味着，确定的选题必须为目标用户提供感兴趣的内容，而且对目标用户来说，其内容是新鲜的，并非人云亦云的。同时，视频内容需要与该视频号的人设定位相符，如果还能"蹭"上热点话题，那么就是一个非常完美的选题了。

在实际运营过程中，选题同时符合上述 4 个原则是非常困难的，很多人会因为找不到好选题就随意跟风去追逐热门话题，反而让自己的视频号内容偏离了当初的定位，一旦这样，就很难留住用户。比如，我们在抖音平台发布了两个视频：

第一个视频：《男女吵架，为什么太太气得半死，先生却已经呼呼大睡？》

第二个视频：《大平原时代，青年与商业的新挑战》

如果你发布的第一个视频得到了很高的点赞数，而第二个视频的点赞数却明显低于第一个视频。普通用户更喜欢第一个视频的原因是，"夫妻吵架"的话题更容易引起用户的共鸣。如果近期网上有关于"夫妻吵架"的热点话题，我们选这个时间点发布与此相关的视频内容，会更容易调动用户的情绪，这样的视频更有成为"爆款"的可能性。如果还能在视频中谈谈关于"夫妻吵架"的新鲜观点，或者从新的角度去切入该话题，那么引发用户传播的可能性就更大。

假如你的定位是面向高端创业者的话，如果经常发布与夫妻关系相关的话题，即便都能成为"爆款"，最终也会偏离最初的内容定位，失去高端、理性创业者导师学院的形象，背离最终的运营目标。

因此，做视频内容，我们一定要有所为有所不为，这样才能真正做出好内容。

4.2 竞品分析，抢占优质赛道

在视频号开通的早期阶段，很多人都担心会被风口抛下，一心想着赶紧"卡位"，但是对于"如何卡位""选择什么样的赛道""'主咖'建立怎样的人设"等问题，从未详细思考过，以至于在内容策划上盲目跟风，导致内容偏离定位，其视频号自然也会被淘汰。

麦肯锡工作法告诉我们，不要重新发明轮子。从2016年开始，一直到今天，每一条短视频内容赛道上都积累了大量的"高点赞"视频。当我们选择好自己的赛道后，做内容策划的第一步就是找到赛道上的视频内容，然后分析它们。通过分析它们的创意、策划和文案等,并按时间轴分门别类地整理好,就可以形成一个同类型短视频的热门话题库。在有了这个热门话题库后,赛道上奔跑的我们将如虎添翼。

4.2.1 评估赛道风险,选择合适赛道

众所周知,在所有的内容赛道上,最简单的上手方法就是对标和模仿。找到对标账号,边模仿、边分析、边创新,这样我们就能在策划视频内容时少走弯路。以抖音账号"秋叶 Excel"为例,在刚刚起步准备拍摄短视频之前,秋叶大叔的团队成员们就已经把所有短视频平台上关于 Excel 教程的视频全部都分析了一遍,把所有点赞数高的视频中的各项技巧都收集了起来。在拍摄初期只模仿了点赞数高的视频,通过几次试验后发现,按照这个办法,视频成为"爆款"的概率果然很大。

在视频号平台上,如果你发现自己想策划的某个领域的内容已经有很多号主在做了,这也并不意味着你就失去了机会,反而应该感谢别人帮你开拓出了这条内容赛道。这说明,在视频号平台上,这个领域的内容能够吸引一定的用户群体,并且也有一定的市场发展空间。在视频号平台上,如果你暂时没有发现某个领域的"大 V",那么就要去抖音、微博、快手和 B 站等平台研究相关领域"大 V"的运营模式,并在视频号平台上通过复制其成功模式,抢先入驻视频号平台。毕竟在新的平台上,所有的内容都需要在算法面前重新证明自己。以美食领域为例,这个内容在抖音上已经是一片"红海",但是在视频号上仍是一片"蓝海"。在视频号教程领域中,尽管目前视频号平台上已经有几百条同质化

的视频,但是只要视频号平台还处于上升期,只要你能及时给新用户做出更有视觉冲击力的教程,就仍然能够打造出"爆款",仍然能够"圈粉"。

在视频号平台上,如果你发现自己想入驻的某个领域还没有同类竞品,或者只有很少的竞品出现,这时要特别当心。例如,房地产行业、保险行业、投资行业、医疗行业等,要清醒地知道,这些领域不是没有市场需求,而是存在很多限制性条件,一般人难以涉足。

因此,推荐大家关注新榜、清博数据、抖大大、卡思数据、西瓜数据等平台的短视频榜单,这些榜单会提供大量真实、即时的短视频数据。我们还建议,在准备运营自己的视频号之前,你至少要对各个平台上的 100 个相关短视频账号进行调研和分析,并形成一份完备的调查报告。

4.2.2 做好竞品分析,追求品质为王

在这个品质为王的时代,赛道选好后我们必须做好竞品分析,将重点聚焦在"内容选题"上,争取让自己的视频号内容有特色,能够和竞品错位竞争,以便靠自身特色吸引目标用户,甚至做到弯道超车。如果我们已经有了清晰的内容定位,就去寻找对应的垂直领域(比如,科技、设计、教程、测评、新奇……)榜单,正如上一节所说,我们需要根据不同平台上的优质账号[①],制订竞品研究清单目录。有了这个目录,我们可以围绕以下 3 点来定期

[①] 本节中,"账号"泛指在各个短视频平台上注册的账号。

跟踪优质账号。

（1）研究这些账号中的所有"爆款"内容。

（2）分析这些账号近期的运营策略和选题方向。

（3）观察这些账号的活动策划和互动模式。

在具体开展竞品分析工作时，我们可以把上述3点再细分为以下几个维度：

人员配置、内容选题、更新排期、活动策划、互动导流、广告投放、商业变现，等等。

做竞品分析，一方面是为了学习、借鉴头部账号的先进运营经验，另一方面是为了了解腰部和底部账号的运营模式。在分析竞品时，我们不能只分析头部账号，它们的很多成功经验固然很重要，但是基本难以直接复制。我们更需要了解腰部账号的运营模式，以及底部账号为什么没有取得成功，从而帮助我们避开更多的"坑"。毕竟在拍摄视频时，需要在前期投入大量的时间、人力和物力成本，如果找不到盈利模式，或者不知道怎样才能实现创收，内容创作者会因信心遭受打击或者账号无法运营下去而被迫放弃。比如，我们在分析竞品的过程中发现，很多账号在经过一段时间的运营之后，无法产出新内容，也就是说，内容创作者在耗尽了早期积累的内容的同时，又策划不出可持续更新的内容，自然也就放弃了对账号的运营。

上一节我们介绍了抖音账号"秋叶Excel"在刚起步时所做的竞品分析工作，当时在大多数人眼中，抖音就是一个娱乐App，谁会在上面学习这类教程呢？秋叶大叔团队的成员们在分析了所有与 Excel 教程相关的抖音账号后发现，粉丝数超过 10 万的抖音账号有 20 个，其中有 6 个抖音账号的粉丝数超过了 100 万。这就说明，选择当时在抖音上发布 Excel 教程视频的节点是行得通的。直到 2020 年年初，团队通过重新调研发现，该领域的抖音账号已经有 100 多个了，其中粉丝数超过 100 万的抖音账号有 30 多个，但其中大部分抖音账号已经停止了更新。这也是我们必须要思考的关键问题——不仅要看到有哪些机会能让我们站住脚，做得更好，更重要的是，还要看到别人都踩过哪些"坑"。这就启发我们在做竞品分析时，不仅要记录所有"爆款"视频的成功经验，更要分析同类账号运营失败的教训，这些都是非常重要的功课。

经过总结，我们认为，专业的竞品分析可以从以下 3 个层级建立调研清单。

第一层级：对标的学习对象是谁？可考虑的学习对象包括赛道、具有代表性的账号、账号矩阵或粉丝数等。

第二层级：如何保证优质内容持续产出？可考虑的因素包括号主人设、视频发布数量、更新频率、发布时间、选题特点、"爆款"比例、拍摄模式等。

第三层级：如何实现标准化运营？可考虑的因素包括运营团队、评论维护、变现模式、关键资源、核心竞争力、运营过程、活动策划等。

当把这 3 个层级的问题都分析清楚后，也就是通过竞品分析找到自己所需的答案后，就能判断出我们还有没有机会切入这个领域，以及如果我们切入该领域，需要通过怎样的路径才能做好。另外，我们还需要研究竞品所在领域的成功盈利模式能否被借鉴、需要哪些关键资源、团队配置是否要跟上、如何一步步达到盈亏平衡点等,从而形成一套可以落地实施,并且能自查自纠的行动计划。

4.2.3 提前储备选题,提升规划能力

很多新手在找到对标竞品后,总是抱着"青出于蓝而胜于蓝"的想法,致力于做出比竞品更有创意、更有趣、更有料的视频。这个思路没有错,但我们仍然建议,在开始阶段还是要虚心向竞品学习,不要有"还不会走,就想跑"的想法。作为一名新手,最需要做的工作是先老老实实分析所有同类型短视频,并且搞清楚如下3个问题。

(1)到底是哪些内容成了"爆款"?

(2)什么话题在什么时间段成为"爆款"?

(3)在拍摄视频时有什么值得借鉴的要素?

当我们把优质视频号发布的内容全都分析完之后,要整理出自己的内容选题库,提前储备好选题,方便以后能持续、稳定地做好自己的视频更新。对于每一条优质视频,我们都需要建立一份选题分析清单。清单信息举例如下:

"爆款"内容:标题、台词、音乐、道具、文案等。

用户画像:年龄、身份、性别等。

内容场景:日常场景、工作场景、社交场景、其他场景。

"爆款"发布时间:节假日/工作日、一天中的早中晚、"蹭"

热点话题的时间等。

剧本类型：解密型、反转型、颜值型、娱乐型、美食型、"萌宠"型、收藏型等。

根据以上信息，在分析完每一条优质视频后，我们就可以梳理出自己的内容选题库，针对不同的用户类型，按照年度时间列表，提前列出用户在不同时间段内最感兴趣的话题，并制订拍摄和发布计划。

除上述清单中列举的信息外，我们还需收集关于内容策划所需的一些信息，并最终形成自己的专业经验库。具体信息如下：

（1）素材的收集：针对各行业、各类型的内容做好素材收集工作。

（2）创意的收集：发现好的视频创意，整理出来，方便今后借鉴。

（3）拍摄技巧的收集：发现好的视频拍摄及剪辑技巧，整理并记录，方便今后借鉴。

素材收集得越全、创意收集得越多、拍摄技巧收集得越细，就意味着积累的"爆款"视频内容越多。拆解"爆款"视频的功课做得越足，自己在后期拍摄视频的灵感就越多，就越容易打造出"爆款"。同时要注意，在拍摄视频时要尽量结合当下网络热点、热词，让视频时刻保持一种新鲜感，这样才能让经典的选题在新的时期多次爆发活力。

4.3 研究"爆款",实现灵活借鉴

视频号平台上的内容创作者平时应该多关注各个短视频平台上的热门账号或"爆款"话题,比如"微博热搜""知乎高赞""抖音爆款""快手红人""B 站神作"等,这些都是内容创作者的灵感源泉和学习方向。不管是在哪个平台上研究"爆款"话题或内容,研究方式都大同小异,我们拆解得越精细,理解得越到位,自己在消化理解后做出超越"爆款"内容的可能性就越大。因此,本节我们从话术、剧情、人物设定 3 个方面,为大家重点分析如何做到对"爆款"话题或内容的灵活借鉴。

4.3.1 借鉴别人的话术

我们可以直接将很多短视频里的话术作为拍摄短视频的脚本。比如,汽车领域的头部抖音账号"虎哥说车",有超过 2000 万的粉丝,其视频里的话术已经成为抖音平台上广为流传的"虎哥体"。如果我们以"虎哥体"来介绍其他产品,就会发现话术结构是完全可以借鉴的。

"有网友留言,想看乌尼莫克,今天,我身后这台就是。

落地价 520 万(元),乌尼莫克最牛的一句广告语是它过不去的地方,坦克也过不去。由于车身超高、超长,上黄牌,只有 A1 驾照的人才能开。充放气功能的超大轮胎,使它的涉水

深度达 1.2 米。加一箱油,需要 1600 元,不要问我什么人会买这种车,因为土豪的世界我们不懂。它的发动机保养一次,可以使用长达 5 年。这简直就是一座移动的城堡。便捷的餐桌,舒服的座椅,方便的卧铺、冰箱、洗手间,一应俱全。在这样的车上怎么能少了灶具、水槽和刀具呢?如果你想喝一杯咖啡或者是在晚上看看电视,也是没有问题的。

关注我,为你揭秘更多豪车。"

"很多网友留言,想看牛车,今天它来了。我身后的这一台就是。别问落地价,因为思乡无价。

这辆 Urus 野生 SUV 至今车龄已有 6 年,在乡下不仅是'脱贫法宝',更被誉为'丰收一号'。驾着它,上得高山,下得泥地。水陆两栖,日耕百里,俗称'兰博基牛'。前置前驱,牛鼻吸气,隔山打牛,黄金动力。燃油是草料,保养靠睡觉,牛角实体保险杠,农村 10 星防碰撞,4×2 分体车身,7 米行政轴距,纯实木手工通风车厢,尽显奢华。你有稳定系统,我有牛架 ESP;你有充气轮胎,我有防暴前蹄。全车标配,散步定速巡航,牛眼高清夜视,智能牛声导航,驾!

关注我,为新农村点赞。"

我们把"虎哥说车"的话术结构进行拆解,就会得到一个非常简单的脚本结构。

开头:"很多网友留言想看××××",引出今天的产品。

中间:用十分有节奏感的文案,介绍产品的外观和内饰。

结尾:引导用户关注。

按照"虎哥说车"的脚本结构,将你的产品配上这种铿锵有力、节奏感很强的话术,就可以模仿出接近这个风格的脚本。比如,视频号"秋叶读书"在介绍《和秋叶一起学 PPT》这本书时,就参考了"虎哥说车"的话术结构,话术脚本如下。

"很多人问,学 PPT 看什么书,今天,它来了!

这本《和秋叶一起学 PPT》,2013 年第 1 版,7 年过去了,口碑一直'在线',现在你看到的是第 4 版的封面,这一版,每个章节都配以视频,扫码直接看,等于买回一本书得到一套视频教程,还送 PPT 素材大礼包。值不值,你说了算!买它!搞定你的 PPT。我是秋叶大叔,帮 100 万人搞定 PPT!"

4.3.2 借鉴别人的剧情

我们也可以借鉴别人的剧情来拍摄自己的短视频。"爆款"短视频的剧情一定有套路,只要将它们的剧情按照脚本思维进行结构化拆解,再把我们自己的内容填充进去,就等于完成了一个全新的脚本。

当然,对于比较复杂的视频,其剧情结构也更复杂。我们可以从人物、音乐风格、人设、经典台词和结构这 5 个维度来拆解"爆款"短视频的剧情套路。以抖音账号"积极向上的老王"为例,我们从这 5 个维度对剧情加以拆解,就可以得到如下结果(表 4.3-1)。

表 4.3-1

维　度	分　析　结　论
人物	老王+女邻居
音乐风格	轻松诙谐
人设	钢铁"直男"+漂亮女邻居
经典台词	统一开场白"我是老王",迅速表明身份并进入主题
结构	表明身份——女邻居请教问题——技巧教学——拒绝女邻居邀请

根据表 4.3-1 提供的拆解结果,我们可以将其复制到很多领域,像抖音账号"秋叶 Excel"就借鉴了"积极向上的老王"的脚本结构,并复制到了职场 Excel 教学领域(表 4.3-2)。

表 4.3-2

维　度	分　析　结　论
人物	大表哥+女同事
音乐风格	轻松诙谐
人设	钢铁"直男"+漂亮女同事
经典台词	统一开场白"我是公司的表哥",迅速表明身份并进入主题
结构	表明身份——女同事请教问题——技巧教学——拒绝女同事邀请

通过拆解很多"爆款"视频的剧情,"秋叶 Excel"借鉴已获得成功的视频剧情去编写"Excel 技巧教学"类的剧本,最后再拍成视频,用户的反馈效果非常好,多条视频的播放量都超过了 100 万次。

4.3.3 借鉴别人的人物设定

对于一条短视频的剧情,我们按照表 4.3-1 的框架来拆解就足够了。但是如果要拆解的是一系列的短视频,我们就应该拆解和分析该系列短视频里的主要人物设定,然后围绕人设去策划短视频的内容。千万不要在一开始就去编写剧情,因为离开人物背景的剧情往往让用户缺乏代入感。我们可以参考以下 18 个与人物设定密切相关的特征,来拆解并分析短视频里的主要人物设定。

(1)姓名:给主要人物(以下简称人物)取一个能代表其特点的名字,让人一听就知道他是主角、配角,或者龙套。

(2)性别:明确人物是男性还是女性。

(3)年龄:年龄决定人物的生活经历,生活经历又影响他的处事风格。

(4)阶层:假设人物生活在某个城市或乡村,他的家庭条件应该怎样。教育背景应该如何,他从事的职业是什么,他所处的工作氛围如何。

(5)外貌形象:外貌是一个人的外在表现,在人物设定上,外貌占据着很重要的位置。

(6)性格:人物是内向的还是外向的,内向的人和外向的人在处理事情时,其语言风格和处理方式都是不同的。

(7)家庭:他和家人之间的关系是怎样的,这有助于让用户加深对人物的印象。

(8)朋友:他有什么样的朋友。

（9）同事：他的同事经常给他增添怎样的麻烦，或是怎样帮助他。

（10）优点：一般一个人身上的闪光点越多，喜欢他的人越多。因此，人物必须有足够多的优点才能让大家喜欢，比如，他有什么技能，并且是如何得到的。

（11）缺点：人物必须有缺点，这样才有带反差效果的创作空间。

（12）行为动机：人物行为背后的动机是什么，有好的动机才能带动剧情的合理发展。

（13）设计闪光点：让人物具备一个闪光点，这个闪光点正好是用户都想逃避的痛点，好的剧情设计就是创造有冲突性的场景，将用户一次次代入这类场景中，从而引发用户的共鸣。

（14）梦想：人物在生命中最看重的是什么。

（15）爱好：人物有哪些业余爱好。

（16）口音：人物说的是一口标准的普通话还是地方方言。

（17）口头禅：人物有没有自己的口头禅。

（18）故事：人物都曾经历过哪些事情，并最终成为了现在的自己。

需要说明的是，在剧本的创作过程中，我们需要清楚地知道人物的这些信息，但用户并不需要了解这么多，他们可以通过系列视频去慢慢地了解人物的丰富特质。另外，短视频团队只需要为3～5个主要人物写出人物简介即可，其他的次要人物只需要用一两段话描述就足够了。

4.4 借助算法，分发优质内容

很多人会发现，自己某条视频的播放量远远超过了自己视频号的关注人数，之所以出现这种情况，是因为你的视频得到了视频号平台算法的推荐，让更多用户看到了。那么视频号平台上的算法推荐机制究竟是怎样的呢？我们总结为以下 3 点。

（1）主动推荐。你主动将自己的视频或视频号名片推荐给微信好友，如果你的微信好友人数多、你所在的微信群数量多、你的公众号账号的订阅用户人数也多，那么你在算法推荐上就占有优势。

（2）社交推荐。如果微信好友对你的视频感兴趣，可能会分享、推荐给他的微信好友，视频就有可能通过微信好友关系实现"破圈"扩散。

（3）算法推荐。视频号平台一旦发现你发布的视频内容质量高，便会主动推送给其他有可能感兴趣的用户。

视频号平台不会公开自己的算法逻辑，对于想运营好视频号的号主而言，算法是一个"黑箱"，但经过分析视频号平台早期运营策略的特点，我们认为，视频号的算法推荐应该包括以下 3 个阶段。

第一阶段是内容审核阶段。在这个阶段中，平台算法会审核视频内容是否违规，以及是否可以发布出去。

第二阶段是社交推送阶段。视频内容在通过审核后,算法将其推送给你社交圈中的受众群体,看看在你的关注用户和社交用户中能否得到一个较好的数据反馈。

第三阶段是陌生用户推荐阶段。如果数据反馈效果比较好,算法将把你的视频内容逐步推荐给陌生用户,进一步提高你的视频播放量。

视频号的算法推荐机制和抖音、微博的不同之处在于,微信借助其生态积累了丰富的用户社交关系,还积累了大量针对用户的标签信息,所以视频号算法一定会先把视频内容推荐给有社交关系的用户。如果视频播放量、点赞数等数据的反馈效果好,再将视频推荐给和号主个人标签相匹配的陌生用户,这种推荐逻辑更容易形成用户间"同类相聚"的观看品味,这也是我们所期待的视频号带来的新变化。

4.4.1 视频号遵循信息流推送模式

在推送模式上,视频号和公众号有一个重要区别,那就是视频号遵循信息流推送模式,而公众号主要遵循用户订阅推送模式。用户订阅推送模式是指,只有用户订阅过的内容,系统才会推送给用户。而信息流推送模式是指,系统会依据用户的偏好,为用户选择相匹配的内容。我们可能都注意到了,视频号推送给我们的内容,大部分都不是我们关注的账号发布的内容,但是如果你不喜欢这些内容,可以点击该视频右上角的"…",选择"不感兴趣"(图 4.4-1),系统以后就不再向你推荐相关内容了。信息流推送模式更接近今天的微博、抖音、快手等平台的算法推荐机制,也就是完播率、点赞数、评论数、转发量和收藏数比较高的视频会得到平台更多的流量支持。

图 4.4-1

目前,视频号还没有发展出频道标签。在视频号入驻用户人数达到一定的规模后,视频号很有可能会依据用户偏好,形成不同的频道标签,并有针对性地进行内容推送。我们认为,这将是视频号下一步的发展方向。在此基础上,视频号也可能会形成基于频道标签的 MCN 机构组织。

4.4.2 视频号更看重社交关系数据

任意一个视频号账号主页上都会显示自己微信好友中关注了该账号的人数(图 4.4-2)。

同时,在我们观看视频时,视频下方也会显示微信好友的点赞信息(图 4.4-3)。这就意味着,视频号把人和人的社交链接作为一个系统变量纳入了推荐算法中。

图 4.4-2

图 4.4-3

很多人注意到，自己在刚刚开通视频号时，即使还没有关注任何账号，视频号平台也会给自己推荐微信好友已关注的账号发布的内容，这说明视频号会依据我们的社交关系进行内容推荐。

如果一个人的微信好友人数很多，并且他在微信生态中产生过大量的社交互动，比如私聊、群聊、朋友圈分享等，那么在他开通视频号的早期阶段，可能会更容易沉淀粉丝。因为拥有更多微信好友（以下简称好友），就意味着算法会将视频号内容推荐给更多新开通视频号的好友，从而为自己的账号带来额外的被关注的可能。

如果一个人经常把自己的视频号作品分享到微信群和朋友圈，一些好友会经常点击他的视频号作品，并且能够全部观看完，那么即使他的视频号没有被这些好友关注，算法也很可能会给这些好友推送他的后续作品。

在研究视频号的时候，我们发现一个叫作"系蛋蛋啊"的视频号，视频主题是健身打卡。在该视频号开通的早期，每个视频最多只有几十个点赞，但是在某一天，"系蛋蛋啊"的很多视频突然得到了几百个点赞，最高点赞数甚至达到1000多，这说明视频得到了算法的推荐。这就启发我们，视频号一定要有好的内容定位，内容创作者只要坚持产出擅长的内容，就会慢慢吸引更多喜欢这类内容的用户。类似这样的健身类视频号，如果将视频推送给线下社群，用打卡的方式吸引更多用户参与点赞，依靠社交关系提升视频的点赞数，从而争取得到算法的推荐，这将会是一个非常好的运营模式。

4.4.3 视频号"爆款"内容更依赖算法推荐

视频号同样有冷启动机制。很多人注意到,自己的第一个、第二个视频的播放量比较高,但是之后视频的播放量出现持续下滑。这说明算法很可能把你的前两个视频推送给和你有社交关系的人观看,视频的播放量往往会走高,但是如果其内容可看性不高,那么在后期,算法会停止推送,导致你会错过对你的视频号内容感兴趣的人。

视频号"秋叶大叔"的粉丝数在不到 5000 个时,因为连续发布了大家都关注的与"视频号教程"相关的视频,所以连续出现好多条"爆款",而每一个"爆款"视频的播放量都能破万。但是,当"秋叶大叔"的粉丝数突破 30000 个时,秋叶大叔发现,如果后续更新的内容没有抓住用户的眼球,每条视频的播放量也会下滑到 3000~5000 次。这一方面说明,用户并没有养成固定进入视频号观看的习惯,导致在后期算法推送时,用户不一定看得到发布的新视频;另一方面也说明,内容足够好更为关键,这样才能获得算法的更多推荐。

我们注意到,在视频号主页上,展示给普通用户的操作菜单按照方便程度排序,依次如下。

第一位:收藏。

第二位:分享给微信好友。

第三位:点击"扩展链接"。

第四位:点赞。

第五位：评论区留言。

第六位：查看好友点赞信息。

第七位：选择"不感兴趣"。

第八位：投诉。

第九位：关注。

综合以上操作可以看出，收藏人数、分享人数、点击"扩展链接"人数、点赞数、评论数、关注人数，再加上视频完播率这7个指标，可能是算法考量的关键因素。

在视频内容没有违规的前提下，以上7个指标越高，说明你的视频内容越好，越容易得到算法的推荐，从而能为你带来更多的流量。

4.4.4 重视核心"铁粉"的社群运营

运营企业或个人视频号还可以参考运营公众号的思路和方法，好的公众号文章会被微信用户传播给好友，或转发到微信群和朋友圈。类似的做法也应该被复制到视频号的运营中，唯有这样做，一个新手的视频号才会在早期让更多的用户看到、关注，并通过评论、点赞和转发，让算法检测到优质数据，进而向更多陌生用户推荐。

有些号主成立了视频号互助打卡微信群，每天在群里分享新视频、在群里发红包、邀请群成员对新视频点赞，希望通过这些提升新视频的各项数据，引发算法的推荐（图4.4-4）。

公众号"大V"或社群达人都已经沉淀了一定基础的粉丝数，

如果他们在视频号上发布新视频,"铁杆"粉丝会去评论、点赞和转发,这能相对容易地达到算法所考量的对关键指标的要求,之后算法会将该视频快速推送给更多用户观看,这就形成了叠加推荐,增加了新视频的曝光量。

图 4.4-4

如果我们在运营视频号的早期阶段就开始重视社群运营,重视对基础粉丝的关系维护,那么就有可能形成合力,让自己的视频号运营变得更加高效。

4.5 培养团队,稳固运作模式

如果想让自己的视频号脱颖而出,你还必须培养专业的选题策划、拍摄、剪辑和运营团队，当粉丝数积累到一定规模后，还要有商务、选品、客服团队，并在最终形成一个内容团队和电商团队的合作矩阵。

4.5.1 打造运营团队，避免单兵作战

很多人在尝试运营视频号一段时间后就放弃了，因为他们发现一条短视频的产生要经过选题策划、拍摄剪辑、推广发布、互动维护4个环节，等粉丝数达到一定量级后，还要加上电商选品和变现等环节，一个人根本忙不过来。

如果想持续运营好一个视频号，我们建议在确定好内容方向后，从一开始就要搭建一支运营团队，这样才能保证批量且稳定地产出短视频内容。表4.5-1列出了运营团队所需的主要岗位及职能分工。

表4.5-1

主要岗位	职能分工	建议
内容主创/编导	构思剧本，维持稳定输出内容	全职
主演	完成剧本演出	全职
拍摄剪辑	完成视频拍摄和剪辑	早期可以兼职或兼任
发布互动	完成视频多平台发布和评论区维护	兼职
商务选品	负责带货选品、广告商务谈判，以及供应链发货、跟进和账款结算	早期可以暂缺

当有了一支运营团队之后，号主就需要形成稳定的产品发布节奏了。比如，每周要发布2～3个合格的短视频作品，保证自己视频号的视频输出数量和质量，并且针对不同平台剪辑出不同的

版本，做好后期的视频发布和粉丝互动。

在早期阶段，启动团队至少需要 2～4 人，摄像、剪辑可以由一个人负责，为了节约成本，道具、灯光、运营都可以由团队成员互相补位完成。甚至有的团队里的内容主创们也是主演，或者同时负责道具、灯光、剪辑和客服工作，真正把几个人"活"成一个大团队。在业务量增加后团队再逐步增加人手，形成合理分工，这样才能尽快形成高效、有品质的流水化作业。

4.5.2 发掘全职编导，具备稳定输出能力

在运营视频号的初期，必须尽快找到一位有才华的全职编导，他是创作视频号内容的灵魂人物。目前，绝大多数短视频运营团队最缺乏的就是全职编导，他们也是市场上最稀缺的人才。因为只有撰写出优质的短视频剧本，才能让演员们源源不断地拍摄出用户爱看的短视频。

很多人把注意力过多地放在演员身上，这是远远不够的。演员固然重要，但是没有背后的编导团队的支撑，演员往往也走不远、红不久。优秀的短视频编导，能把握市场方向，挖掘出主演多元化的人设，持续创作出用户喜欢的剧本，这对于短视频的内容创作是极其重要的。

另外，如果要评估一个编导的能力，一方面要看他是否具备持续稳定的创作能力，另一方面要看他是否具备能发掘主演表演潜力的能力。有了这样的灵魂人物，一个短视频团队才能持续稳定创作出优质的短视频，从而保持视频号更强的生命力。

4.5.3 培养专业的"摄像+后期制作"团队，发挥短视频语言的魅力

视频是镜头语言，背后需要有专业技术的支撑，并且高质量的视频更需要高水平的拍摄人才和后期制作人才来完成，他们往往能为你的视频增加更多亮点。在运营视频号的初期，短视频拍摄和剪辑可以由团队成员兼职完成，但随着对短视频制作数量和质量的要求越来越高，就需要培养专业的"摄像+后期制作"团队，否则短视频的品质就会受到影响。

为了提高拍摄效率，短视频编导需要提前写好脚本。详细的脚本文稿要对应到每个具体的画面上，涉及对主演的台词要求、动作要求，以及对道具和环境的要求，即需要把脚本文稿具体化。脚本文稿确定后，"摄像+后期制作"团队要落实拍摄场地，准备拍摄道具、台本并和主演沟通表演要点，要做好拍摄计划，避免遗漏重要镜头。要尽量压缩现场拍摄所消耗的时间，能用后期剪辑配音解决的，尽量不占用现场时间，以便节约时间成本。

在拍摄短视频之前，团队要特别注意，最好能提前创建一份适合于自己的短视频拍摄检查清单，在审片环节可以对照该检查清单逐项检查，避免因为一些低级错误导致视频效果没有达到预期。可以说，有没有一份高质量的短视频拍摄检查清单，其实也是判断一个团队是否成熟的标志。

4.5.4 签约优质演员,打造主演 IP 人设

对于有真人出镜的短视频,主演的选择也相当重要。好的演员不仅可以让内容更加生动,而且也可以弥补我们在拍摄视频过程中没有注意到的各种细节上的不足,这可以让普通的剧本"焕发光彩"。

目前,短视频行业都在走精细化运营之路,通过真人直播进行电商变现的模式得到进化,一个具有高度黏性的主演会慢慢沉淀一批固定追随他的粉丝,此时就需要进行 IP 化运营,视频号号主最好能和主演签约经纪合同,以便拓展商业孵化空间。

在选择演员的时候,我们要有一定的标准,可参考如下几个方面。

(1)颜值:所谓颜值,不一定是指好看,而是对用户来讲有记忆点,不容易被忘记。

(2)创作表演能力:既然是演员,就必须要具备一定的创作表演能力。

(3)对行业的热爱:没有热爱,难以坚持,特别是要有定力才能熬过早期无人关注、无人喝彩的探索阶段。

(4)性格:因为短视频的数据经常大起大落,对演员也是一种极大的心理考验,所以性格更加开朗的演员会在心态调整方面更有优势,更容易理性看待个人影响力和团队的关系。

4.5.5 启动商业变现，商务团队跟进

一旦你的视频号积累了足够的势能，商业变现一定会在不久的将来提上日程。目前，对于整个短视频行业的内容创作者来说，其变现途径主要是通过商业广告、主播打赏和电商"带货"3种模式来实现的，并且都需要专业的商务团队去运营。

好的商务团队会珍惜内容团队的付出，找到好的广告商和合作伙伴，在创造收入的同时，还能维护视频号的声誉和形象，并且能做到不滥接不合适的广告和产品，不透支和辜负粉丝的信任。

我们认为，售后服务在未来也是商务团队职责的一部分，要做好售后服务，就要做好日常评论区的维护和导流，也要做好网络舆情监控，及时应对负面舆情公关。

最终，围绕视频号IP形成默契的"全职编导+摄像及后期制作+优质演员+商务团队"的运营模式，这些元素都是保证一个视频号走得更远的关键因素，缺一不可。

4.6 视频号4种"涨粉"方法

无论哪个短视频平台，提升用户（粉丝）数量都是十分重要的。在视频号运营的早期阶段，"涨粉"一直是最重要的运营工作之一。视频号"涨粉"分为平台内部引导和平台外部导流两种方式。

4.6.1 平台内部引导

平台内部引导,指的是号主要想办法提醒对视频内容感兴趣的用户关注自己,我们总结为如下 6 种方法。

1. 在视频底部加文字引导语

视频号"秋叶大叔"的每条视频底部都加上了"关注秋叶大叔视频号,分享好书和干货"的引导语(图 4.6-1)。类似地,还可以写"我们致力分享××××干货"。

图 4.6-1

2. 在视频结尾处提醒引导

视频结尾处的旁白可设计为"关注我,下个视频告诉你……"如图 4.6-2 所示,自然会让感兴趣的用户更容易关注该视频号。

图 4.6-2

3. 在头图和个人简介上下功夫

设计好视频号的头图和个人简介,让用户在进入你的主页后,被你的头图、个人简介甚至精彩的 Slogan 所吸引(图 4.6-3)。

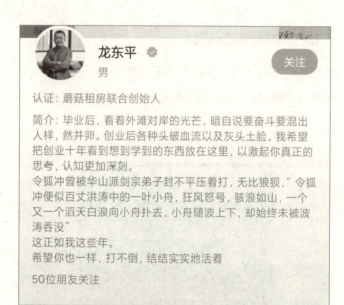

图 4.6-3

4. 坚持有价值的垂直定位

在某一个垂直领域持续输出优质内容,让自己的视频出现在同频[①]用户的信息流中,就更容易得到对视频内容感兴趣的用户的持续关注。视频号"秋叶大叔"主打视频号教程分享和好书推荐(图 4.6-4),算法就更倾向将内容推荐给关注了该类视频号的新用户,从而引起他们的关注。

[①] 同频,在互联网上多指有共同语言,有同样的价值观,生活方式和做事的想法都很相似。这里指有相同观看兴趣偏好。

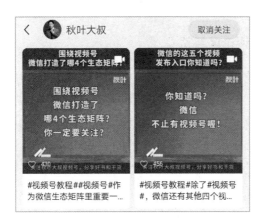

图 4.6-4

5. 拍摄连续剧型视频

大多数人都爱看连续剧,你可参照连续剧风格来拍摄视频,而连续剧型视频的每一集内容都会承上启下,比如:

"这是我推荐的第 123 本书。"

"今天是我创业的第 1236 天。"

"你的想法是什么?"

如果用户觉得你现在的这条视频好看,便会去翻看你以前的视频,这样他就很可能会被内容吸引,从而关注你的视频号。

另外,在连续剧型视频中有一种悬疑剧型视频,即下一集公布上一集的答案。比如,魔术类视频号,上一集的视频是给用户表演魔术,并在结尾处告诉用户,下一集将解密玩法,这样就很容易引起用户的好奇心,从而得到用户关注。

6. 多在评论区互动

多在评论区回复用户评论,如果互动效果好,用户自然愿意关注你。当然,巧妙的回答也能更大概率地吸引用户关注你的其他视频号。比如,在视频号"秋叶大叔"的一条视频里,秋叶大叔在评论区回复用户:"马上出 PPT",如图 4.6-5 所示。这就有可能让感兴趣的用户在看到后,关注秋叶大叔的其他视频号,不过这种方式可能存在内容上的风险,需要特别小心。

图 4.6-5

4.6.2 平台外部导流

平台外部导流,指的是号主要想办法通过其他流量池,特别是微信生态去传播其视频,并让对内容感兴趣的用户关注自己的视频号。我们主要介绍以下 4 种方法。

1. 分享到朋友圈

把数据好的视频分享到个人朋友圈,相当于做了一次导流推广,好友也有可能将视频分享到他的朋友圈,形成二次传播(图 4.6-6),从而收获一波来自朋友圈的流量。

图 4.6-6

好友在朋友圈点击你视频的次数越多,他接收到你其他视频的概率就越大,这样就会慢慢吸引同频的好友来关注。

2. 转发到微信群(社群)

把你制作的视频转发到微信群(社群),注意最关键的是写好文案,以便吸引群成员点击观看(图 4.6-7)。如果内容吸引人,群成员又认可你,就很容易收获关注。

图 4.6-7

因为算法优先推荐点赞数和评论数高的视频,正如 4.4 节介绍的,有人建立了互助点赞视频号微信群,很多号主会在微信群里发红包,请群成员关注他并对视频点赞,以便得到算法的推荐,进而带来更多用户关注。这种方法可以使粉丝数涨得很快,但是只在早期对"涨粉"有帮助,因为这样的粉丝对号主的内容并不一定感兴趣,其中持续关注的粉丝很少,导致其所占权重很低,这时算法会认为,号主的一部分粉丝不喜欢观看他的视频,其视频评分就会受到影响。

3. 公众号推荐

视频号上的每条视频都可以带公众号文章链接,利用这一功能可通过文章链接直接给公众号导流,同时也可以通过公众号文章推荐视频号的相关内容(图 4.6-8),这样就打造出了一个流量闭环。

图 4.6-8

4. 分享干货教程资料包

定期推出与视频号教程相关的干货资料包,在资料中给出自己的视频号信息,从而引导用户关注。比如,秋叶大叔在视频号刚刚开始内测不久就制作了一个 150 多页的"视频号教程 PPT",并分享在各个社群里,提醒大家关注视频号"秋叶大叔",其中有更多、最新的视频号教程分享,这最终为"秋叶大叔"带来了很多新粉丝。

目前,这个"视频号教程 PPT"已经更新到 450 多页,如果大家想获取这个免费 PPT 资料，可扫描图 4.6-9 中的二维码，关注公众号"秋叶大叔"，回复关键词"视频号"，我们将免费分享给大家。

图 4.6-9

4.7 视频号向公众号导流的5种方法

我们都知道，在视频号上发布的视频可以带一篇公众号文章链接，但是如果不刻意提示，很多用户会很容易忽略这个文章链接。为了让用户更多地关注到公众号文章链接，并为公众号带去更多流量，下面我们分享 5 种方法。

4.7.1 开门见山法

在视频的开始即表明其内容来自个人公众号，比如，"今天的视频内容来自我的公众号'秋叶大叔'里的一篇文章。"同时，字幕里配上相应的文章标题。如果用户对视频内容感兴趣，就会很容易点击文章链接，从而为公众号带去流量。在某段时间里，视频号"新榜"（现更名为"新榜有猫叔"）里的每一条视频的封面文案都和公众号文章标题保持了一致（图 4.7-1），这就很容易让用户注意到对应的公众号文章链接。

图 4.7-1

4.7.2 文案提醒法

在视频文案里，用一些明显的提示话术引导用户点击文章链接。比如，秋叶大叔曾在视频号里推荐过自己的一篇公众号文章，在视频文案中带上了一句"点链接看文章剧透。"如图 4.7-2 所示，有效提醒一部分用户点击文章链接。当然，如果改成"点链接看文章剧透⬇⬇⬇"样式，效果会更好。

另外，还要提醒大家，文案在视频主页上只能显示 3 行，所以你写的提示性话术不能超过 3 行，否则很容易被"折叠"，导致用户看不见。

图 4.7-2

4.7.3　手势引导法

为了提醒用户点击公众号文章链接，有的视频会在结尾处加上一个提示性的动作，并结合口播话术提醒用户点击公众号文章链接。比如，在图 4.7-3 所示的视频里的人物做了一个向下指的手势,并配以口播话术"更详细的关于视频号的内容,大家可以戳视频下方链接",用以提示用户。

图 4.7-3

4.7.4 详细教程导流法

关于详细教程导流法,具体的操作方法是,在视频结尾处让主演说一句话:

"关于今天的问题,我写了一篇详细的教程,请点击本视频下方的文章链接。"

或者：

"这个系列在我的公众号'秋叶大叔'里持续更新，下一期我会说×××内容，感兴趣的话请关注公众号'秋叶大叔'。"

4.7.5 前置伏笔法

在视频开头埋个彩蛋，并在结尾处告知用户：

"点击以下链接，获得更多资料包。"

还可以这样说：

"很多人私信问我视频号怎么做？我刚刚总结了一个450多页的'视频号教程PPT'，分析了视频号变现的各种玩法。请戳下面链接，关注公众号'秋叶大叔'，回复'视频号'，免费获取。"

但这种导流方式也存在风险，可能会被视频号平台限流，甚至删帖。

第 5 章

视频号的商业红利

在视频号推出 3 个月后,业内对视频号是否存在商业红利产生了争议。一种观点认为,视频号商业红利巨大。背靠微信这个拥有 12 亿用户的超大型流量池,特别是随着微信逐步加大对视频号的支持力度,视频号势必产生巨大的流量红利。另一种观点则认为,视频号潜力有限。在开启内测的半年时间里,视频号中并没有出现有代表性的账号或有巨大影响力的事件,其中的内容生态也没有出现全新亮点,更多呈现方式是抖音、快手的头部"大V"把内容"搬运"到视频号上。

对此,我们的观点是,任何商业生态的形成都需要时间,而微信团队又是一个非常克制且有耐心的团队,微信团队并不希望视频号在一开始就呈现出头部玩家商业变现的模式,反而希望更多普通人使用视频号记录自己及身边人真实的生活,希望人人都可以记录和创作。只有越来越多的普通人被普及了如何使用视频号记录、创作和分享,并慢慢培养出固定的使用视频号的习惯,我们预测,微信团队才有可能慢慢释放出更大的商业红利。

5.1 公众号创作者的挑战与机遇

视频号推出后,势必对身处同一个平台的公众号带来影响,那么给公众号带来的是挑战还是机遇呢?目前,存在两种观点。

一种观点认为,公众号创作者的生存空间被挤压,进入相对暗淡时期。因为视频号必然会分流公众号用户的阅读时间,一旦越来越多的用户习惯观看视频,那么公众号创作者的生存空间就会受限。优质的视频具有更强大的感染力和传播力,会让更多用户习惯性地观看,从而放弃阅读长文章。与此同时,如果公众号创作者选择转型,由于他们中的很多人习惯了以写作作为主要的内容输出方式,其创作思维、语言表达和视频号的模式完全不同,因此很难习惯和适应拍摄视频这种内容输出方式。一如当年电视媒体兴起后,报刊媒体就不再是市场主导者。

另一种观点认为,公众号文章可以趁势扩散和传播,进入和视频号的互利互惠阶段。视频号兴起后,公众号创作者可以借机"打通"视频号和公众号,用短视频内容展现优质公众号文章的精辟观点,通过视频号的扩散带动公众号文章的传播。作为在新媒体领域沉浸多年的从业者,我们认为,在任何时代,不同平台间的关系并非是完全替代的,而是可以成为互补的。文字有文字的优势,视频有视频的特点,双方的受众群可能会此消彼长,或有重叠,但不会消失。

针对上述两种观点,结合现实情况,我们需要冷静分析。一方面,视频号创作者需要具有视频类思维模式和语言表达方式,也需要掌握拍摄所需的专业技能,这对公众号创作者的确是一个挑战,这就意味着,并不是所有的人都能顺利转型。另一方面,当下抖音、快手上的视频有很多偏重娱乐性,有些内容缺乏深度思考,而微信生态培养了大量喜欢深度阅读的人,这些人会有更高、更深层次的视频观看需求,所以很多有深度的公众号创作者反而有可能在视频号舞台上有更大的施展空间。但是,这也是小概率事件。电视媒体发展的历史告诉我们,现实效果更可能是曲高和寡的,大众更喜欢综艺节目和各种剧情紧凑的电视剧,因此,那些需要深度思考的内容,应该留给长文章或图书。

短视频时代必然是一个节奏更快、娱乐元素更丰富的时代。目前视频号上有很多干货知识类视频,也都产生了不错的数据,但是最主要的原因是,视频号目前还处于新鲜期。因此,公众号创作者唯有快速转型,才能抓住新的机会,去迎接即将到来的全新挑战与机遇。

5.2 视频号对普通人的独特优势

在 5G 时代,普通人如果希望通过短视频"逆袭",视频号就是最好的平台。

抖音和快手已经非常成熟,后入者很难有机会成功,而视频号正处于新鲜期,也可能是普通人最后一个通过短视频"逆袭"的机会。和其他短视频平台相比,视频号对普通人来说有几个独特优势。

（1）视频号可以通过私域流量冷启动，这是其他短视频平台所不支持的。只要你有微信好友，就可以利用朋友圈和微信群进行内容传播。

（2）视频号具备社交推荐功能，这也是它和其他短视频平台相比的优势所在。你可以将创作的视频推荐给你的微信好友，当你的好友点赞以后，这个视频还有可能被推荐给他的好友。

（3）视频号的个性化推荐更为精准，这是受益于微信拥有海量的用户"标签"数据。

普通人从零开始做视频号，就如同在线下开一家小店，朋友圈和微信群都是你的战场，你需要有技巧地"发传单"，扩散自己的作品。另外，还可以找一些开通了视频号的好友，抱团取暖，互相点赞。当然从长远来看，要想吸引用户并留住用户，最终还得依靠优质内容。

无论是微博、抖音，还是快手，可以肯定的是，不管在哪个平台上，头部"大V"都会不断被更新迭代。所以一个新平台一旦崛起，快速在用户喜闻乐见的领域完成"卡位"，就显得尤为关键。一旦你成为赛道上的头部"大V"，曝光的机会就会越来越大，合作的商家会越来越多，运营的团队会越来越好，反过来说，留给后来者的竞争空间也越来越小。

作为新的平台，视频号会给所有人一个新的出发点。我们注意到已经有不少短视频创作者，在入驻视频号后呈现出良好发展态势，甚至已经打造出了一些数据非常出色的视频号，而他们中的一些人并未开通抖音号。

2020年4月27日,公众号"清博指数"推出视频号影响力指数,表5.2-1是美妆类视频号影响力榜单。

表 5.2-1

排名	视频号	作品总量（个）	最高点赞数（个）	最高评论数（条）	WVCI[①]
1	玥野兔好物	32	3758	283	643.675
2	Alin 闪闪发光	61	3310	468	627.93
3	MK 凉凉	69	6162	584	607.623
4	十万个杜森森	28	4848	565	597.59
5	pony 朴惠敏	10	2238	126	582.375
6	种草小哪吒	9	3343	127	577.879
7	化妆师阿玥	23	1019	194	573.82
8	大西米君	4	747	407	567.753
9	大明湖畔的汪姑娘	14	2374	299	550.558
10	校花君姐姐	15	259	138	507.394

4月28日,我们特意查询了美妆类榜单上的这些视频号在抖音和快手平台上的粉丝数,见表5.2-2。

[①] WVCI（微信视频号传播力指数）,指某个视频号在所发视频数量、互动状况、覆盖用户程度上综合体现出的传播影响力,主要从活跃度、认可度、互动度三个维度进行考察。

表 5.2-2

账号名称	抖音粉丝数（个）	快手粉丝数（个）
玥野兔好物	18	无快手号
Alin 闪闪发光	503 万	152.3 万
MK 凉凉	70 万	2253
十万个杜森森	193.3 万	67.4 万
pony 朴惠敏	694.3 万	149.7 万
种草小哪吒	464.7 万（抖音号为"小哪吒"）	225.2 万
化妆师阿玥	76	无快手号
大西米君	103.8 万	19.5 万
大明湖畔的汪姑娘	210	无快手号
校花君姐姐	367	9

像"玥野兔好物""化妆师阿玥""大明湖畔的汪姑娘""校花君姐姐"都是视频号平台上"冒"出来的新账号，他们在抖音、快手平台上并没有太大影响力，但这恰恰说明视频号给很多人带来了新的可能。我们认为，视频号天生就是为有才华的人准备的舞台。不管你是美食控还是手工控，不管你是会唱歌还是会跳舞，凭借个人才艺，你都可以吸引同频的人，同样能在视频号上找到个人空间。所以，如果你是有心人，可以凭借自己的才华和努力去视频号平台赢得新的机会。

那么，普通人应该怎么玩视频号呢？对此，我们的建议是，找到自己擅长的领域，打造自己的人设，持续进行内容输出。比如，在工作或生活中，你有什么技能和专长，或者有什么差异化优势，这些都可以作为你内容创作的切入点。

5.3 视频号给行业带来新的商机

5.3.1 借势营销，话题红利

借势营销，一直是教育培训机构擅长的"打法"，广大家长和学生全年中最关心的话题，都能通过教育培训机构的借势营销模式清清楚楚地呈现出来。例如，学生寒暑假期间关于"减负"的话题，上学季有关"培优"的话题，报名季关于"行业乱象"的话题，等等。

视频号"新东方家庭教育"曾围绕"#王金战谈家庭教育#"话题，主动带动更多相关话题互动，这就是一种典型的借势营销模式。除了热点话题，教育培训机构还可以围绕擅长的专业内容，持续分享有趣、有料的教程，以此吸引家长和学生的关注，并不断沉淀视频号上的潜在用户，这也能带来巨大的流量红利。

视频号"淘宝大学"，主要介绍怎样成为一名淘宝主播，这个内容定位在将来可能会创造更多商机，因为将来微信在很大概率上将支持"视频号+直播"的模式。

秋叶大叔团队组织的"手机 Vlog 训练营""手机摄影训练营"，以及和 PPT、PS、手账、手绘等相关的训练营，过去一直鼓励学员，在提交作业时最好带上"话题"再发到微博平台，但是想从微博平台分享到微信平台，在操作上就很不方便。视频号出现后，我们可以鼓励学员将作业带上"#话题#"发到视频号上，并通过优质作业的传播，为训练营产品带来新流量，同时借力"#话题#"沉淀大量的学员作业，这无疑是最好的口碑广告。因此，在教育培训行业，视频号势必会带来一轮话题红利。

5.3.2 亲民人设，实力"宠粉"

在娱乐文化行业，视频号即将孕育出一个全新的内容和社交生态，为娱乐文化行业的明星带来巨大的创作空间。

如果你用心留意就会发现，绝大部分明星仅有微博账号，没有公众号。原因在于明星本身工作繁忙，很少有时间输出文字，反而是微博这种碎片化的载体更适合他们分享自己的动态。

微博上关于明星热点事件的帖子动辄点赞数破百万次，但微博过于开放的言论空间也给明星带来了很大压力，自己发布的内容被所有人围观，容易被过度解读，因此，越来越多的明星选择在微博上禁言。

视频号的出现，恰到好处地弥补了这个缺陷。视频号的社交生态与微博不同，视频号的传播载体是基于微信生态社交圈的，因而视频号更适合明星分享自己的生活点滴，是打造亲民人设，实现实力"宠粉"的最佳平台。久不登录微博的演员舒淇，应该是第一批开通视频号的演艺圈明星，她的每一条视频都能收获较高点赞数和评论数。

我们发现，2020年上半年，越来越多的明星开始关注视频号，在新冠肺炎疫情期间，很多明星有足够多的时间宅在家里进行内容创作。如果这些优质内容能得到视频号平台的进一步推荐，必然会形成强大的势能，带动更多人加入视频号。

5.3.3 视频带货，马上变现

在电商行业，视频号的出现让这些互联网的原生产业从业者听到了来自全新战场的第一声枪响。他们太清楚这个行业的残酷性，我们认为，如果他们不能在第一时间抢占全新战场，在很大程度上，就意味着已被淘汰。

视频号就像一个巨大的蓄水池。这个蓄水池对所有人而言，都是一个陌生的环境，一定会有大量喜欢尝鲜的人进入视频号，并尝试不同的玩法，从而带来新鲜的流量红利。当大部分人的尝鲜期过去后，在足够大的流量规模下就会形成相对稳定的用户群体和生态模式，谁在这个赛道抢先布局，谁就有机会抓住电商红利。

电商从业者对"带货"流程驾轻就熟，把抖音和快手平台上吸引用户的"带货"短视频发布在视频号上，或者重新拍摄同类视频，然后设置"扩展链接"，就能实现"带货"闭环。具体流程如下。

（1）在视频文案中添加相应的公众号文章链接，目前仅支持添加已发布过的文章链接。

（2）号主在视频里进行口播，或者通过视频画面里的文字吸引用户点击公众号文章链接。

（3）在文章页面里，用户点击小程序或网页链接，页面直接跳转到商品详情页面，用户直接下单购买商品。

在视频号平台上，将吸引用户的"种草"视频带上"扩展链接"（在视频文案中添加"扩展链接"），用户就有可能通过点击"扩展链接"，在关联的公众号文章里购买某款产品。而一旦这条带"种草"链接的视频被算法推荐，流量将呈指数级增加，并进行迅速变现。

5.3.4 形象展示，品牌推广

在 2020 年新冠肺炎疫情期间，"小米"与时俱进地推出了自己的视频号，还发布了雷军的一段演讲视频。作为从武汉走出去的成功企业家，雷军鼓励大家共同战胜疫情。这条视频非常激励人，点赞数和评论数都非常高。

"腾讯"也推出了同名视频号，主打亲民路线，内容全部是员工拍摄的趣味小故事（图 5.3-1），视频一经发布就受到大量用户的欢迎，一个有趣的细节是，其中一条和人才招聘有关的视频竟然得到了相当高的点赞数。

对于知名企业而言，视频号是进行形象展示、品牌推广的绝佳平台，更是重要新闻发布、新品发布推广，甚至员工招聘的优质平台。特别是对一些大公司而言，员工人数多，合作伙伴多，如果能拍摄出一条可看性高的视频，就有机会在所有人的微信社交圈迅速传播。

图 5.3-1

5.4 视频号上的成功案例

5.4.1 用视频号做品牌和活动推广

目前,很多知名公司已经开通了视频号,有的开通的是企业号,有的以公司高管身份开通了个人号。最终,哪些企业的视频号会有亮眼的运营数据,这将和它们的营销策划有很大关系。本节,我们列举几个企业在营销策划方面的成功案例。

1. 大疆公司:用无人机带视频号用户参观公司

大疆公司(全称为深圳市大疆创新科技有限公司)是中国科技行业里的传奇公司,同时也是一家让人觉得很神秘的公司。大疆公司视频号"DJI 大疆创新"发布的第一条视频就是一个"爆款",视频主题是带视频号用户参观公司,并且是以无人机拍摄视角(图 5.4-1,数据截至 2020 年 5 月)。这不但和公司的产品特点相匹配,其内容也特别适合以视频的形式进行分享。显然,这是一个非常成功的品牌推广案例,带来的品牌传播效应非常好。

一个值得赞赏的细节是,大疆公司在这条视频文案中添加了"#大疆#""#无人机#"这两个话题关键词,由于这条视频的播放量足够高,因此,可能在很长一段时间内,这条视频会优先出现在话题关键词"#无人机#"的推荐列表中。另外一个值得赞赏的细节是,大疆公司还在文案中增加了"#请勿模仿#"这 4 个字,视频创作者充分考虑到无人机在室内飞行存在一定的安全隐患,这也体现出一个大公司的社会责任感。

大疆公司使用的短视频玩法,还可以用于企业品牌宣传。比如,拍摄 1 分钟时长的企业宣传片,借助视频号进一步在微信生态里传播,让喜欢大疆公司及其产品的用户在评论区评论,带来更多用户的认同感。

图 5.4-1

我们认为,如果每家公司都可以拍摄一条类似的高质量短视频,在一些对外场合,便可以把这条"爆款"视频分享给更多在场的人,点赞和评论数越多,优质视频内容的复利价值就越大。

2. 微信官方:拍摄教程小视频,推广微信家族产品

微信官方推出了名为"微信时刻"的视频号,专门发布关于公众号和视频号的官方教程,以及家族其他产品的功能介绍等(图 5.4-2)。该系列视频的拍摄质量特别高,再加上微信官方背书,因此播放量非常高。

这一点值得很多公司,尤其是电子信息行业的公司借鉴,把公司的《产品使用手册》或者《用户手册》拍摄成短视频,并通过视频号平台发布,既能方便用户学习,又能实现低成本宣传。

图 5.4-2

3. 麦当劳：借助视频号发起品牌活动

麦当劳也在早期就开通了同名视频号，通过视频号发起了很多场限时优惠活动，并在每条视频文案里都带上了麦当劳公众号文章链接（图 5.4-3，数据截至 2020 年 5 月）。

图 5.4-3

单从图 5.4-3 中的数据来看，麦当劳还没有发动全国连锁店员工传播这条视频，因此，这些数据就是在"麦当劳"刚刚开始运营时，用户自发参与而形成的。

实际上，视频号自诞生起就推出了关注视频号的二维码，未来凡是有线下门店的企业，都可以邀请用户扫描二维码关注视频号，领取视频号的专属福利，这样就可以轻松快速地为视频号沉淀足够多的用户。试想一下，如果全国麦当劳线下门店发起线下"导粉"活动，让排队点餐的顾客扫码关注视频号并分享到个人朋友圈，以此享受相应福利，比如，扫码关注并分享后，购买麦当劳套餐就可以优惠 5 元，积累几百万名用户应该是一件非常容易的事。有了这样的沉淀用户，将来麦当劳发布新品时，就可以通过视频号组织限时试吃活动，将新品精准推荐给自己的目标用户，既可以沉淀粉丝，又可以极大地节省营销成本。

4. 京东：高管个人视频号引爆用户点赞

京东高管肖军在个人视频号"JDX 肖军"上发布了一条视频，这条视频成了"爆款"，内容是京东物流无人车在配送快递路上和行人进行的一场对话——无人车对行人说："请让一下，我要去送快递了。"这条视频让上万名用户为京东点赞，为高新科技点赞。

5. 话题接龙："2020 我相信"公益接龙活动

2020 年 3 月 25 日，在新冠肺炎疫情期间，壹心理的阿喵在视频号"喵酱 miao"（现更名为"阿喵 2020"）上发起了以"#2020 我相信#"为话题的公益接龙活动（图 5.4-4）。

图 5.4-4

这个活动得到了众多新媒体大咖的支持,其中"十点读书"创始人十点林少更是邀请了近百位好友来参与,图 5.4-5 是其中一张截图。

截至 3 月 31 日,这个活动吸引超过 700 个号主参加,新媒体圈、演艺圈,乃至很多传统行业的号主都参与了此项活动,成为视频号发布后第一次成功举行的公益话题接龙活动。这个活动之所以成功,关键在于具备以下几个关键元素。

图 5.4-5

（1）设置了一个优质话题。"#2020 我相信#"这个话题契合了疫情之下大家对未来的期待。正如活动发起人阿喵所说，"#2020我相信#"视频号接龙活动想用一种实实在在的力量，在人与人之间传递对生活、对未来的信念,从而起到互相感染、互相影响的作用。

(2) 吸引 KOL(Key Opinion Leader,关键意见领袖)群体加入,助力后续推动。像十点林少、刘兴亮、秋叶大叔等都在各自的圈子邀请已开通视频号的小伙伴加入,并撰写了公众号文章对外宣传推广,迅速扩大了活动影响力。

(3) 借助"@微信好友"的形式,在熟人圈发起接龙。活动规则是,不管是谁,在被点名后均需发布视频,并在视频标题中点名三个微信好友,开展话题"#2020 我相信#"接龙。

(4) 组建微信群,辅导操作。当时视频号由于版本限制,并不能像微博一样具备直接点名微信好友的功能,也不能直接在"搜索框"输入关键字自动弹出相关话题,所以阿喵快速组建了微信群,在群中指导大家操作,大家也借此互相认识,互相对视频点赞和评论,同时邀请更多的人参与接龙。

这次话题接龙的成功也说明,未来综艺节目、热门影视剧,甚至是图书,都有可能在视频号上建立一个专属话题,号主只要在发视频时带上这个专属话题,就能产生内容聚合效应,也让对这个话题感兴趣的用户去发现号主。

以目前非常火的综艺节目《王牌对王牌》为例,视频号"浙江卫视""主持人沈涛"及"腾讯综艺"都会经常发布一些与节目相关的视频,并给视频带上话题"#王牌对王牌#",这样一来,各种采访花絮、幕后爆料,以及和节目有关的其他视频都可以聚合在这个话题下,方便用户观看。

如果对这种话题模式进一步放大,对照微博,可以引导内容创作者发起同一个话题,为品牌做宣传;对照抖音,可以发起"全民模仿视频秀",创造一个娱乐性话题。可以说,话题功能为视频号的运营带来了无限想象空间。

5.4.2 用视频号打造个人品牌

1. 秋叶大叔的"爆款"视频让视频号和个人公众号实现双"涨粉"

秋叶大叔在 2020 年 2 月 13 日早上发布了一篇题为《开通视频号十天,我的 7 个重要判断》的公众号文章,该文章需付费阅读(图 5.4-6,数据截至 2020 年 5 月),付费金额是 8 元。

图 5.4-6

发布当天就有 700 多人付费阅读了这篇文章,秋叶大叔立刻意识到这篇文章对很多人都有价值,于是摘取了文章中的 9 个核心观点制作了一条视频,在当天发布到了同名视频号上,同时在文案里添加了这篇文章的链接(图 5.4-7,数据截至 2020 年 5 月)。

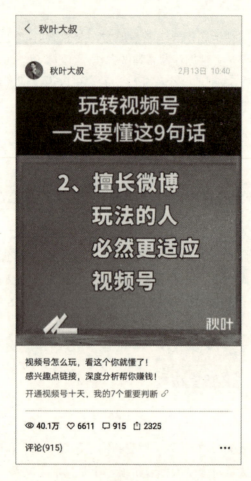

图 5.4-7

在 2 月 13 日和 2 月 14 日两天,秋叶大叔在不同的微信群里分享了这条视频,带动了很多用户观看、点赞和评论。2 月 15 日,这条视频被平台算法推荐,播放量从 3000 多次暴涨到 60000 多次。在后续的 30 天内,播放量累积到了 40 多万次,也让秋叶大叔的视频号粉丝从不足 1000 人增加到了 15000 多人。这启发了秋叶大叔,他马上分享了一系列视频号教程,他的视频号也迅速成为平台上同类视频里播放量最高的视频号之一。

秋叶大叔的这篇公众号文章在发布后的 3 天里,总阅读量只有 13400 次,之后通过在视频号上发布与这篇文章强关联的视频,为公众号文章带来超过 35000 次的阅读量,最终阅读量达到 49900 次。同时,这一举动为他的公众号带来了 3000 多个新的关注用户,以及 1800 多个付费阅读用户,这等于带来了 15000 元的付费阅读收入(数据截至 2020 年 5 月)。

随后,秋叶大叔写了一篇复盘文章《我的视频号,爆了,10万+,但我想抽自己的脸》,进行得失分析,阅读量近 18000 次(图 5.4-8,数据截至 2020 年 5 月)。这个案例随后被"新榜"等自媒体报道,产生了广泛的二次传播效应。

图 5.4-8

需要关注的细节是,秋叶大叔安排团队成员在文章《开通视频号十天,我的 7 个重要判断》的评论区留下"个人品牌 IP 营"和"抖音微博特训营"的招生信息,如图 5.4-9 所示。有超过 300 个用户添加小助手为微信好友并进行咨询,最终超过 10%的用户自然转化为付费学员,又带来了一笔报名收入,远超这篇公众号文章的付费阅读收入。

图 5.4-9

这项策划活动可以说完美地实现了"公众号+视频号"双发布的"打法"。从一篇公众号文章里提炼核心观点,围绕核心观点拍摄视频,并在视频号上发布,视频文案附带该公众号文章链接。之后由视频号上的"爆款"带动公众号文章阅读量的增加,为公众号带来新流量、新读者和新的付费用户,直接打通了变现闭环。

2. 薇娅：打造励志女强人系列视频

视频号上线后，淘宝"一姐"薇娅反应迅速，不但在第一时间入驻视频号，更是从入驻开始就坚持发布短视频。她的短视频显然是由专业团队制作的，品质很高，发布频率稳定。视频内容是薇娅在日常生活中拍摄的各种视频素材的剪辑合成，满足大家对这位励志女强人日常生活的好奇心。视频中配有台词，非常受欢迎，有很多用户点赞、评论。

薇娅团队在视频号上的"打法"充分显示了专业团队的实力，团队结合薇娅自身特点编排台词，剪辑素材，并由薇娅本人完成一段视频配音，通过这样的模式可以高效地制作出一系列高品质短视频，基本不需要额外拍摄其他视频，这种运营思路非常值得大家学习。

3. 抖音"大V"：其他平台的短视频分发至视频号，依旧受用户欢迎

抖音账号"生态农人张运东"在抖音上分享的农业生态类短视频很受用户的欢迎，截至 2020 年 6 月，他在抖音上的粉丝数超过了 70 万个。张运东把这些短视频直接发布在同名视频号上，依然获得了很高的关注度。

类似的视频号还有"熊小兜"，"熊小兜"在抖音上的粉丝数超过 800 万个（数据截至 2020 年 6 月），他把抖音上的短视频直接发布在同名视频号上，同样得到了很多用户的喜欢和关注。

这充分说明，优质内容总是能得到用户的支持和欢迎，在其他短视频平台上受欢迎的内容，在视频号平台上也能大概率地创

造非常好的数据。

有意思的是,如果单看点赞数,抖音上的粉丝数远远不如"熊小兜"的"生态农人张运东",在视频号上的数据却不比"熊小兜"的差。可见,关注视频号的用户,与抖音平台上的用户有不一样的观看偏好,知识干货类短视频完全有可能在视频号平台上更受用户的欢迎。

4. "济公爷爷.游本昌":老艺术家找到新舞台

视频号在开放之初就吸引了大量文化艺术界明星入驻,老艺术家游本昌老师也与时俱进地开通了视频号"济公爷爷.游本昌"。他塑造的济公形象深入人心,在视频号上发布的表演视频也勾起了几代人的回忆,引发用户频频点赞和评论。游本昌老师的精湛演技折服了新老观众,我们衷心希望游本昌老师身体健康、万事如意,在视频号平台上为用户创作更多更好的作品。

5. "李子柒":分发优质短视频,打造新流量矩阵

美食创作者李子柒的短视频风靡全球,她在任何一个短视频平台上发布的视频都是"圈粉"神器。视频号开放之初,李子柒团队就在第一时间入驻,并针对视频号平台的特点展开了有针对性的运营。

我们注意到,李子柒的短视频更适应平台的横屏观看体验,而且视频文案采用连载式标题,能够吸引喜欢她的用户持续追看,增加用户黏性。

另外,大家还需注意的是,在视频版式方面,图 5.4-10 里的视频是"竖屏+横屏"版式,最终的呈现效果不太理想,看上去视

觉冲击力不够。

图 5.4-10

5.4.3 用视频号打造社交电商

1. "老爸评测""玥野兔好物":分发"带货"视频,释放"带货"势能

在视频号上线的早期阶段,"老爸评测"团队于第一时间入驻,

并创建了同名视频号"老爸评测",该视频号同步发布横屏短视频,其视频具有很强的"带货"功能。在 3 月 15 日来临之际,团队抓住"3·15"打假的热点,发布了关于真假化妆品鉴别的短视频,并剪辑出不同版本,分别发布在视频号和抖音上,同时在视频号的文案里添加了公众号文章链接,为公众号导流。

先拍摄"带货"短视频,再吸引用户点击和转发,然后筛选出真正对视频内容感兴趣的用户,他们通过点击公众号文章链接,最终在文章界面里点击购买链接,完成下单,这是目前视频号已经提供的电商闭环流程。

不过截至 5 月 30 日,大部分与"带货"有关的短视频的数据都不太理想。但是美妆视频号号主"玥野兔好物"倒是给人带来了惊喜,她发布的视频亲和力强,每条视频都有很多用户点赞和观看。这种活跃度高的美妆视频号也得到了广告主的认可,比如,完美日记品牌方向"玥野兔好物"投放广告之后,对转化效果非常满意,进而选择连续投放(图 5.4-11)。

这也说明,要想抓住视频号生态的巨大流量,就必须思考如何针对观看用户群体的喜好做出目标更精准的视频内容,培养自己的社交人设,积累"铁粉"团,有了粉丝对号主人设的认同,便会释放更强的"带货"势能。

如果完全照搬抖音、快手上的成功"带货"经验,那么有相当一部分视频号会经历一段"水土不服"的时期,因此,号主必须明确自己在视频号上的定位和目标用户。可以期待的是,待号主们将这一套流程全部完成后,适应视频号生态的电商应该很快会批量出现。

视频号的商业红利 第 5 章

图 5.4-11

另外,已经有很多广告主开始挖掘有潜力的"带货"视频号并投放广告,也有人开始组建视频号 MCN 机构,签约有潜力的视频号号主,希望打造运营矩阵,夺下未来最大的广告蛋糕。

2. 京东:借力视频号,导流电商直播活动

2020 年 4 月 27 日,视频号"京东 JD.COM"在平台上发布了一张海报图片,内容是"王一博线上云互动",用户如果点击文案

中附带的公众号文章链接（图 5.4-12），马上就可以通过文章里的小程序链接，直接跳转到京东直播间（图 5.4-13）。

我们注意到，在"京东 JD.COM"发布的所有视频中，这条视频的播放量并不是最高的，而且关联的公众号文章的阅读量也不是最高的，这说明视频号平台并没有为这条视频提供更多的流量扶持。但是京东的这次尝试依然带给我们很大的启发：把视频号当作海报推送，在评论区发起活动，吸引更多用户点赞和评论，激发他们参与和传播活动的热情，引导用户点击公众号文章链接，带动更多用户进入直播间，这无疑是一个有效的策略。

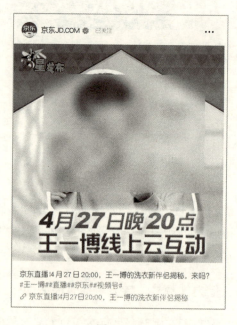

图 5.4-12

图 5.4-13

3. 秋叶大叔：提供运营视频号的快捷路径

秋叶大叔曾在同名视频号上发布了一条名为《玩转社群助力视频号运营》的短视频，告诉用户如果要做好视频号，就要做好自己的社群运营。那么用户如果不会运营社群怎么办呢？秋叶大叔立刻推荐了自己的《社群营销实战手册》一书，而且告诉大家，自己为这本书提供了海量的配套 PPT 资源，想获得该资源的用户可以点击文案中的公众号文章链接（图 5.4-14），获取领取方式（图 5.4-15）。在视频发布后，秋叶大叔请很多"铁粉"在评论区写下了对这本书的评价，以吸引更多用户点击链接（图 5.4-16）。

图 5.4-14

图 5.4-15

视频在发布后的 18 个小时里,获得了 4200 多次的播放量,给公众号文章带去了超过 800 次的阅读量,最终有 80 人通过公众号文章里的微信二维码加小助手为微信好友,其中 36 人购买了这本书。更有意思的是,视频在发布一周后,依然在视频号平台上传播,播放量已经超过了 12000 次,甚至有用户反映这本书已经在当当网售罄。

图 5.4-16

最后,再向大家倾囊相授一个秋叶大叔搭建社群的经验。2020年4月17日,秋叶大叔同时在公众号和视频号上发布了关于视频号教程的相关内容,具体操作如下。

(1) 在公众号上发布名为《288页最新视频号研究PPT教程,免费分享给大家》的文章(图5.4-17),并在文章里提供了加工作人员为微信好友的二维码(图5.4-18),以及用于学习视频号教程的微信群二维码。用户在点击公众号文章链接后,可以通过扫描微信群二维码加入微信群,领取PPT资料,并在微信群里与其他用户一起免费学习关于视频号的最新教程。

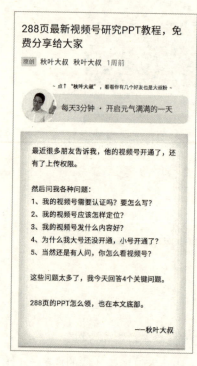 

图 5.4-17　　　　　　　　图 5.4-18

（2）在视频号上发布相关视频，并在文案里添加了上述文章的公众号链接（图5.4-19），持续导流用户加入微信群。

在短短30天内，通过这种导流模式建群50个（图5.4-20），其中48个群的人数是200人左右，两个群的人数达到满额500人，人数合计超过10000人。

图 5.4-19　　　　　图 5.4-20

在微信群里,秋叶大叔团队组织群成员分享相关信息,并进行免费答疑,但对于每个成员个人的视频号,不鼓励其他人点赞、评论和关注,而是鼓励大家分享好的视频号内容、案例及运营经验(图 5.4-21)。

很多群成员非常喜欢这样的社群氛围,同时团队以这样的答疑解惑方式,顺其自然地把"如何拍摄好手机短视频"及"如何用手机摄影"等课程推荐给群成员。在短短的 30 天内,通过社群分享和答疑，在没有强制推广课程，以及没有主动与群成员"私聊"的情况下，团队就创造了超过 10 万元的销售成绩。

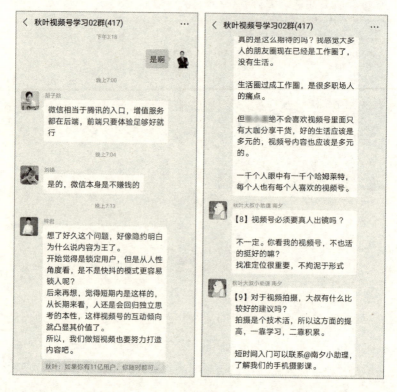

图 5.4-21

2020 年 6 月 25 日，秋叶大叔推出视频号教程在线直播课，秋叶大叔团队通过视频号学习微信群等多种渠道进行推广，在不到 10 天时间内，报名人数就超过了 10000 人。

如果你也想加入秋叶大叔的视频号教程在线直播课,可扫描图 5.4-22 中的二维码,关注公众号"秋叶大叔",回复关键词"视频号"即可,期待你的加入。

图 5.4-22